如果你简单，
世界就
对你简单

丁宁 /著

Ruguo Ni Jiandan
Shijie Jiu Dui Ni Jiandan

中国华侨出版社

前言

冰心曾说，如果你简单，那么这个世界也就简单。

丁尼生也说过："最伟大的人仅仅因为简单才显得崇高。"

简单是一种生活境界，是生活的一种方式，是审美的一种追求，更是平衡现代价值系统的一个支点，是自由的一种体现。其实，置身其中，便会忘却工作的疲惫、生活的烦恼、人生的忧愁。根植于简单这块土壤而绽放出的人生之花，必定是芬芳而悠久的。如此，简单又是一种美的境界。领略到简单的精髓，从而真正懂得只有简单的人生才足以培养豁达而从容的性格。

简单的生活并不是让人们过着清苦贫困的生活，而应该是现代人发自内心的一种精神需求。经过深思熟虑后的生活选择，是一种表现出真正的自我的生活，从而使生活目标和生活意义更加明确；是一种追求健康、丰富、平凡、和谐的心境；是一种让自然沐浴身心，在动与静之间寻求平衡的方式。

简单来源于心态的平和，正所谓"不以物喜，不以己悲"。热爱生活，积极地面对现实，认真地活在当下，真诚地善待他人，不虚伪地戴着面具，不强烈地苛求他人，也不和自己较劲。简单的人，都拥有一颗质朴之心。

如果你简单，这个世界就对你简单。简单生活才能幸福地生活，人要知足才能常乐，要宽容大度，什么事情都不能想繁杂。心灵的负荷重了，就会怨天尤人。唯有心灵的平和宁静，才能垒起我们快乐幸福的高台。花开花落，云卷云舒，我们都应淡然地走过。

本书以洗练的文字和丰富的事例，启示我们要洗净心灵的积垢，去除繁杂，用浅浅的微笑、用平和的心态拥抱简单，让心灵变得纯朴、自然、厚道。如果你给心灵一个休憩的时间，及时清理心灵的垃圾，从纷繁复杂的生活中走出来，营造一份淡定、一份澄明、一份雅致，那么心灵便在无声的滋润中得到一次轻舞飞扬的释放，性情也在潜移默化的修炼中上升到另一种至高至简的境界。

目录
CONTENTS

上篇／简单，是一种境界

简单是一种境界，是一种简约的生活方式，是审美的一种追求，是生命的一种超越。所谓大道至简，就是一种去繁就简的人生。让心灵回归简单，人生快乐无限。

第一章　简单是一种去繁就简的做事方式

003　丢掉你对生活无限的"构思"

006　简单的方法，让开始变得容易

009　把时间留给最重要的事

012　凡事按计划行事

015　把目标分级化

018　人就要有所不为

第二章　简单是一种宽容单纯的处世方式

021　不喧闹、不浮夸是最好的姿态

025　"难得糊涂"的真意

028　聪明为何反被聪明误

030　智慧的人敢于自嘲

033　宽容是对仇恨最好的回应

035　保持一颗单纯的心

第三章　简单是一种心淡如菊的生活方式

039　虚名是无谓的追逐

043　自己的路，自己走

045　别人的目光

049　有梦想就要去追寻

051　生命没有彩排

054　给自己开一扇希望的窗

第四章　简单是一种心态清零的思考方式

058　体会不到快乐是因为想拥有太多

062　清空心灵的回收站

065　及时刹车才能更快起步

067　现在，请暂停五分钟

070　这一刻，降低你的期望值

073　用减法过生活

076　放手是后退中的前进

第五章　简单是一种淡泊明志的修为方式

080　不要为昨天埋单

082　明天还有明天的烦恼

084　安然看待得与失

087　把烦恼关在门外

089　多不一定就是好

092　简约是福，随处安然

094　记住，你不是超人

第六章　简单是一种心无旁骛的成功方式

098　简单从目标中来

102　宁静，成功才会来敲门

105　但求耕耘，莫问收获

108　战胜恐惧，就要直面它

110　做一个忘掉失败的人

113　"技巧"导致的失败

下篇／简单，是一种修炼

世界变得复杂，是因为你变得复杂；你简单了，世界就变得简单。不自寻烦恼，不无事生非，不受名利诱惑，不偏不倚，不贪不恋，去除所有的外物繁杂，蓦然回首，心也简单，人亦清明。

第七章　根除烦恼，坏情绪是一味毒药

119　没有人愿意欣赏你抑郁的脸

122　愤怒的时候，你更需要冷静

125　人比人气死人，嫉妒让幸福生活失衡

128　武装自己，你的名字不是脆弱

131　真正的勇者都是忍者

134　自信者，不行也行；自卑者，行也不行

第八章　停止抱怨，牢骚是失败者的表现

137　一叶障目，习惯抱怨的人看不到幸福

140　回收怨气，意味要承担二次伤害

142　大动肝火的人，不是吃亏就是理亏

145　不要用放大镜看自己的烦恼

148　积极一点，没有人会一直倒霉

151　成功者从不抱怨，抱怨者很难成功

第九章　摆脱诱惑，给欲望一个底线

154　万物为我所用，非我所有

156　别让面子左右你的生活

159　同时追两只兔子的人，两手空空

162　欲望太多，生活会不堪重负

164　给欲望一个底线，该刹车的时候要刹车

167　人生短暂，知足的人才能快乐

第十章　放下执念，真感情是成就彼此

170　爱情是双人戏，不要一个人演

173　月不常圆花易落，缘分不可强求

175　覆水难收，分手就不要回头

177　有一种爱叫作放手

179　不适合你的人，再美丽也是个错

182　人生有四季，你错过的只是一个春天

第十一章　祛除芜杂，聚焦你最重要的事

185　简单生活是对心灵的净化
188　一张一弛，调整自己的身心时刻表
190　从零开始，预示了无限可能
193　福与祸，最古老的辩证
196　发现生命中最重要的东西
199　淡泊从容是人生的最高境界

第十二章　释然过往，时光总会给你答案

202　将过去留在过去，用遗忘换取平静
205　在泥泞的道路上才能留下脚印
207　别让心灵被一根稻草压垮
210　昨日的伤口不应影响今日的生活
213　别人的错误，你不应该负责
216　敢于放弃是一种勇气，善于放弃是一种智慧

第十三章　淡泊名利，知足才有大自在

219　别让对名利的渴望摧毁你的生活
222　做金钱的主人，而不是物欲的奴隶

225 贪多嚼不烂，拥有有时并不是一种享受

228 真正的幸福与金钱地位无关

第十四章 远离计较，得失常在，开心难求

230 输得起，才能赢得稳

232 给圆圈留一个缺口

234 记住别人的好处，忘记别人的坏处

237 无所谓，才能无所畏

239 顺其自然，给自己一颗宁静的心

上篇
简单,是一种境界

简单是一种境界，是一种简约的生活方式，是审美的一种追求，是生命的一种超越。所谓大道至简，就是一种去繁就简的人生。让心灵回归简单，人生快乐无限。

第一章
简单是一种去繁就简的做事方式

老子说:"少则得,多则惑。"所有的事情越单纯就越接近它本来的状态,如同真理永远都是质朴而简单的。由此而言,简单不仅体现在做事上的去繁就简,同时也表现了对真理的一种纯粹追求。

去繁就简,体现在不要让过多的思虑阻滞了前进的脚步,同时,也表现在"磨刀不误砍柴工":只有目标明确、分级实施,才能起到"化整为零"的效果。另外,简单的做事方式也在告诉我们,要学会选择,学会取舍。抓住最简单、最易上手的目标,才不会让自己徒增负累而一无所获。

丢掉你对生活无限的"构思"

余秋雨曾说:"因为我们的历史太长,权谋太深,兵法太多,黑箱太大,内幕太厚,口舌太贪,眼光太杂,预计太险。所以,我们习惯对一切事物'构思过度'。"这个世界远没有人们想象得那般复杂，它简单得很，复杂的只是人心罢了。其实，人心也不复杂，只要肯丢掉对生活无限的"构思"。

刚走出校门的那段日子，他总是若有所思。告别了象牙塔，他不知道外面的世界究竟是什么样？很早以前就有人告诉过他："世界比想象中还要复杂。"从那时起，他便对社会产生了一种畏惧感，害怕自己无法适应这个"复杂"的社会。

毕业前夕，他认真钻研了有关权谋的书籍，目的就是为了了解社会生存法则——步入社会后要"眼观六路，耳听八方"，对待朋友、同事不可"全抛一片心"，谋事一定要"三思而后行"，这一切他铭记于心。

后来，他依靠着自己的能力找到了一份工作，然而这种喜悦感很快就被他的担忧和恐惧感取代了。做事处处设防，总是害怕被人算计，整天小心谨慎地生活，不敢和周围的人靠得太近，他平生第一次被孤独和无助吞噬了……

我们的生命是有限的，如果时刻抱着这种谨小慎微、战战兢兢的心理活着，那么生命无疑会变得沉重。它不仅增加了许多无谓的时间成本，也间接地加大了事业的信誉成本，降低生命的质量。其实，我们无需想那么多，想那么远，没有必要让自己变成一个不停旋转的陀螺。只要静下心来，让思维跟着生活的脚步，有条不紊地进行，就能够在简单的生活中体会到惬意和满足。

没过多久，他那当过多年老领导的父亲发现了儿子的异常表现，便把自己一生的经验教训总结成四句话，告诉了初入职场的儿子。也正是这四句简单的话帮助年轻人解开了心结，也让他日后的人生发生了改变。现在，我们把这几句拿出来和大家一起分享。

"做人不要盘算太多，顺其自然就好。"

做人不要盘算太多，不必拼命地去求他人。有时候想得越多，心越急，得到的反倒越少；当你把所有的杂念都抛开，专注于自己分内的事，那些美好的东西反而会不请自来。有些潜规则和不能把握的东西，顺其自然是明智的举动，真的不需要太强求。

"不要压抑自己，也不要奉承巴结。"

人与人之间永远都不可能对等，也许是出身不同，也许是地域因素，也许是上下级关系，所以你没有必要压抑自己。一个趾高气昂的人，无论你多么尊重他，他也不会平等地对待你；如果你奉承巴结，也只能让他把你看得更轻。不管出身低微还是处境艰难，永远都不要寄希望于他人礼遇。当说时就说，当做时就做。只要别心虚和畏首畏尾，就不会让人轻易看不起，而这样做也能够让你赢得更多平等的机会和尊重。

"你不必对谁特别好，也不必对谁特别不好。"

有句话说得好，物以类聚，人以群分。任何单位、任何群体的人际关系结构都不能脱离"三三制"，具体到个人身上就是：三分之一的人对你一般，三分之一的人对你不满意，三分之一的人对你很好。所以，不必对谁特别好，也不必对谁特别不好，为人处世还是得因人而异。好的继续保持，中立的要争取，敌意的要予以宽容，这样才能够避免被少数人利用。

"依靠别人，远不如相信自己。"

一个人应当有思想，有社会责任感，要懂得相信自己比依赖别人更重要。不同的人有不同的做事风格，只要你尽心尽力地做事，就不会被埋没，除非你怀疑自己的能力。不管做什么，都应该摆正心态，有机会时就为社会多做点儿；没机会时也要记住"为自己打工"，积累有形、无形的资本。要知道，为自己做再多的事情也不过分，不管人生的际遇怎样，脚踏实地的努力永远都是对的。

几句简单的话蕴含着深刻的人生哲理，有时候我们不必对生活"构思"太多，只要简简单单、顺其自然就行了。生活中很多东西，非要亲身经历了之后，才会发现真的没必要刻意地去想些什么，做些什么。

记住一件事：世界上的真理永远都是朴素的、自然的、简单的。就像一句广告词所说的那样：把简单的东西复杂化，太累；把复杂的东西简单化，贡献！世界比我们想象的要简单得多，所以不要人为地去给它徒添累赘。秉持一颗简单的心去做事，这就是对这个世界，也是对自己最大的贡献。

简单的方法，让开始变得容易

空中网总裁杨宁在谈到商业运作模式时曾说："我一直遵循着'KISS 原则'，也就是 Keep It Simple Stupid。可以理解为，越简单的模式越容易成功。"

不仅在商业领域，在生活中的方方面面都是如此，化繁为简，才能出效率；去繁就简，起步时才更容易上手。往往，在复杂的人还在思考自己为什么没有成功时，简单的人已经开始走向成功了；他们善于把所有的问题都简单化，单纯到只剩下直奔成功的行动。

很多时候，我们的思想都过于复杂了，总是去思考或计划着那些现在没有发生的，甚至以后都不可能发生的事。长此以往，不仅没有把握住未来，反而连现在眼前的也不知道如何开始。也许他们并非没有目标，而是因为他们的眼里有且仅有那唯一一个遥远而宏大的目标。懂得把长远、宏大的目标分解成许多小目标的人，往往都深谙于化繁为简的做事方式。他们明白，如果想要顺利到达终点，其实只要用简单的方法，一步一步累积短期的目标，就可以并不费力地走向成功。

著名的战地记者兼作家西华·莱德先生曾这样描述他的写作过程：

"当我推掉其他工作，开始写一本 25 万字的书时，一直不能定下心来，我差点放弃一直引以为荣的教授尊严，也就是说几乎不想干了。最后我强迫自己只去想下一个段落怎么写，而非下一页，当然更不是下一章。整整六个月的时间，除了一段一段不停地写以外，什么事情也没做，结果居然写成了。"

"几年以前，我接了一件每天写一个广播剧本的差事，到目前为止一共写了 2000 个。如果当时签一张'写作 2000 个剧本'的合同，一定会被这个庞大的数目吓倒，甚至把它推掉，好在只是写一个剧本接着又写一个，就这样日积月累，结果真的就写出了这么多。"

可以说，目标的实现并不能一步登天，它需要一点一点地积累，一点一点地完成。当我们完成很多小目标的时候，他们汇总起来，就是一份大的成就。但我们从中更应该看到，正是这每一个"一点"的易操作性，才让那汇总起来的"一串"显得水到渠成——这也正是最简单的方法：把开始下手的复杂度降低，则更容易带动整体的运转。

人们有时会掉进自己目标的"圈套"中无法自拔。之所以称它为"圈套"，是因为那些远大却难以在短期内实现的目标很容易让人在其中迷失自我。它们的实现需要过程、需要时间，而这就需要有一个简单的方法让开始变得更容易。对目标进行有效的分解，则是简单方法的最好体现。即使一个人拥有了目标，但如果不能对目标大而化之、繁而就简，那么，他就会感到相当疲累。有些人奋斗了许多年之后，仍觉得离那个最终目标还是很远，其实他们往往没有意识，在和刚起步时相比，自己已经有了很大的收获。参照的目标不同，收到的效果也不同。时间长了，便会觉得目标难以逾越，深陷在困惑的泥沼之中。

其实，在奔向目标的道路上，越简单的方法往往越容易打开成功的大门。许多人总觉得他人的成功很简单，而自己的成功却很难。这是因为，简单而实际上又有效的方法，很容易被人们所忽略。

哥伦布发现新大陆返回英国后，受到英国皇室成员贵宾似的礼遇。而许多王公大臣、绅士名流对这个没有爵位头衔的人嗤之以鼻。

一次，在英国女王为他接风洗尘的庆功宴上，名流大臣纷纷出言讥讽哥伦布："这有什么了不起的？我要出去航海，只要朝一个方向前进，照样也会有重大的发现！""太容易了！这种事谁碰上谁出名。哥伦布这家伙的运气真好！"

听到这样的讽刺和挖苦，哥伦布笑笑，起身说："各位尊敬的女士、先生，现在请大家做一个游戏——哪位能把鸡蛋在桌子上立起来？"

话音刚落，底下一片哄然。许多人跃跃欲试，但却没有一个人能够把椭圆形的鸡蛋立在桌子上。

终于，有人生气地发话了："别再愚弄我们了！大家立不起来，你也不能！"

这时，只见哥伦布拿起鸡蛋向桌子上轻轻一磕，鸡蛋的大头就凹了下去——就这样哥伦布从容地把鸡蛋立在了桌子上。

看到眼前的这一幕，所有人惊呆并沉默了两秒钟，继而引发了一阵更大的骚乱："这也太简单了，谁不会呀！"大家嚷嚷道。

"是的，这方法的确很简单，可是我说过了，这仅仅只是一个小游戏而已。"哥伦布笑着说，"但问题是，在这之前，你们为什么都没有想到过这个方法呢？"

老子说："少则得，多则惑。"有些人复杂地安排自己的人生，计划制订得很详细，可是计划越多，顾虑也就越多，思想始终不能彻底地释放，反而被自己混乱的思绪困扰住；有的人简单地安排自己的人生，认准目标，一步一步慢慢积累，他们只认定努力会有回报的简单道理，而没有让思想陷入复杂的困境。

直接开始，就是要少走一些弯路，少做一些错事，直达成功的彼岸。要做到这一点其实也并非困难，那就是只专注于如何在最短的时间，以最简单的动作迈出眼下这一步。

把时间留给最重要的事

有一本畅销书叫《把时间留给最重要的事》，书中说："管理时间难，长期坚持以重要的事情为中心来管理时间，进而管理自己的整个人生就更是难上加难。"

因此，我们提倡简单的处事规则，把重要和紧急的事情加以区分，最大程度地降低时间成本。摒弃不分轻重缓急、混淆事务优先级的做事方法，把那些并不一定特别紧急却很重要的事情作为主角，集中精力和时间去做。如此，会让我们在去繁就简的过程中，享受到效率带给我们的成就之感。

把最优的精力、最多的时间用在最重要的事情上，这无疑是在为达成目标铺上一条最简捷的成功之路。首先，我们就有必要区分一下重要和紧急的不同。

重要的，一般是指与目标有关，凡有价值、有利于实现个人目标的就是重要之事。

紧急的，通常都显而易见，推脱不得，却不一定很重要。

重要但不紧急的事情，可以说是对个人而言最有意义的；也许短期内这些事情不会产生很大的作用，但若用长远的眼光去看，我们一定会从中受益匪浅的。通常这类事情的挑战性和困难度都很高，比如制定目标、规划未来、发展新的关系、学习新技能、改善饮食、开始新的训练项目、创业或者戒掉不好的习惯，又或者是参加明年的重要考试、年底的婚礼、下星期的应聘工作面试等。

紧急但不重要的事情，一般是本身重要性不高，但迫于时间的压力，需要赶快采取行动的情况。例如处理临时遇到的需紧急回复的工作文件、接电话等。

生活中，我们常常能见到许多人把大部分的时间花费在急迫但不重要的事务上，对时间严格的限制让人们往往容易产生"紧迫等于重要"的错觉。事实上，紧急的事情大都是针对他人，而非我们自己。

当我们忙于处理紧急事情而把那些重要却不急于一时完成的事务一拖再拖的时候，常常会因感到压力颇大而急于想休息放松。在这个过程中，那些重要却不紧急的事情就会在下一个"急活儿"到来之前搁浅。这样的情况会一直持续很长时间，而那些重要的事情似乎就永远腾不出时间去做，这也是造成很多人最后都与成功无缘的根本原因。

如果感觉到我们一直都在忙忙碌碌却没有得到任何收获，那么最大的可能就是，我们一直都在做紧急的事，而忽略了那些重要的事情。

世界上最宝贵的就是时间。鲁迅先生曾说："生命是以时间为单位的。"无独有偶，拉美谚语中也有这样的句子："丢失的牛羊可以找回，但是失去的时间却无法找回。"时间对于天下任何一个人来说都是公平的，它的一视同仁就体现在：它遵循着一种恒定的规律，是不可逆转、不可替代、不可储存的，它不会因为任何原因，给任何一个人一天中额外的时间。

要想在有限的时间里做出高效的事情，就要学会抓住重点，快速决断。人生的成本是时间的成本，在同一时空里我们是没有可能抓住两次相同的机会的。

纵观历史，横看世界，成功人士大都怀着这样一种纯粹而简明的想法，即他们的眼中只有最终的目标和为此设定的许多阶段小目标。只要是为了发展，达成这些目标的事情就是重要的，他们就会专注于此，紧紧抓住。

现在已是"凯利—穆尔油漆公司"主席的美国企业家威廉·穆尔，其企业之壮大、个人之成就怎么也无法让人想到，穆尔在为格利登公司销售油漆的时候，他第一个月的工资仅仅是160美元。

但是，即使在当时那样窘迫的情况下，穆尔也没有丝毫气馁。他仔细分析了自己的销售图表，发现他的80%收益来自20%的客户，但是他却对所有的客户花费了同样的时间。

发现这一不平衡的差异，对穆尔来说，可以说是巨大的转折，他立即转移了工作重点。穆尔要求把最不活跃的36个客户重新分派给其他销售员，而自己则把精力集中到最有希望的客户上。很短的时间内，他一个月就赚到了1000美元。

在此后的事业发展上，穆尔也从未放弃这一原则，最终，他走上了成功之道。

当今社会，由于经济利益的刺激，新鲜事物不断涌现，人们的思想开始变得越来越复杂，考虑问题似乎也越来越周全、细致，但实际上，这正是在消耗时间成本。很多人做事喜欢兜圈子、绕弯子，生怕别人知晓自己的内心，生怕别人掌握了自己的动态。于是大家都慢慢变得深沉起来，人人都在运用政治家的外交手腕处事。这样做的结果只能大大增加做事的时间，走更多的弯路，消耗更多的生命。

对此，我们应学会限制时间的可利用性。具体体现在于：不要在思维需要高度运转的时间，而固执地和他人发生争执，甚至非要把自己的观点强加于人；不要总是酝酿情绪，而要选择在我们精力最充沛的时刻立即动手。就像一句名言所说：人生最大的遗憾莫过于轻易放弃不该放弃的，而固执坚持不该坚持的。

总之，我们提倡简单的处事规则，对于那些并不一定与我们人生目标相关的琐事，要勇敢地说"不"。透过迷雾、集中精力地去做重要的事，排除次要事务的羁绊，就是为了最大化地降低时间成本，摒弃没有目标、优柔寡断、心机重重的做事方法，最终达到成功。

凡事按计划行事

唐代文学家韩愈曾说："凡事预则立，不预则废。"这里的"预"说的就是一种预见性和计划性。不管做什么事情，光有目标还是不够的，必须事先做好详细的计划和充足的准备，才有可能取得满意的效果。

计划能让我们感到自己在做事过程中的明显进步，即使有时的进步是微乎其微，或者有时可能几天的计划都是一模一样的，但我们仍能从检验自己的执行力中获得大大小小的成就感。事先认真地做一份计划不但不会浪费时间，反而更多的时候能让我们事半功倍。

很多人一提起"计划"，就好像要着手于一件极其宏大的工程，畏难情绪一涌而上，觉得耽误时间的心理也跟风而至。常言道"磨刀不误砍柴工"，事先计划能让繁乱复杂的团团头绪条理清晰地分明开来，为即将要开始的行动争取了时间，让后续的行事变得更加简单。

在劝告一位因做事杂乱无章而手足无措的人时卡耐基说：

"我们可以把生活想象成为一个沙漏；沙漏的上一半，有成千上万粒的沙子，它们都慢慢地很平均地流过中间那条细缝。除了弄坏沙漏，我们都没有办法让两粒以上的沙子同时通过那条窄缝。你和我以及每一个人都像这个沙漏。每一天早上开始的时候，有成百上千件的工作，让我们觉得一定得在那一天旦完成。可是如果我们不按照计划一次做一件，让它们慢慢平均地通过这一天，像沙粒通过沙漏的缝隙一样，那么到头来有可能一件事也没有干成。"

一次只流一粒沙，一次只做一件事。这就需要我们提前依据工作任务和工作特点，分清轻重缓急，制订出合理而符合实际的计划，才不至于在行动过程中像一只没头的苍蝇。

按计划做事，即是对自己要完成的事情有具体的时间规定，有步骤、有准备、有措施和有安排。这不仅能帮助我们有条不紊地安排自己的生活，更能帮助我们更好地处理各种事情。按照计划中的每一步准备好，接下来，只要一步一步朝着目标的方向走下去就可以。当最后一步也被做完的时候就会发现，我们的目标已经实现了。

在制订计划的过程中，人们必定会周密地预测执行过程中可能会出现的"意外因素"，从而在问题发生时不会因诧异惊慌而不知所措，而是能够按照当时的实际状况和预先考虑的对策有条不紊地进行解决。有了计划的指引，人们就能够减少犹豫，减少无谓的精力浪费，少走弯路，从而在尽可能短的时间内做尽量多的事情，提高工作效率。

在 IT 行业同样是叱咤风云的人物,"软银"总裁孙正义与凭借创新技术开拓市场的盖茨不同,他以资本作饵,诱使全世界疯狂追逐互联网新贵。在 20 世纪末,其数百亿美元的身价直追全球首富。

1957 年 8 月,孙正义出生于日本佐贺县一个中产阶级家庭。他的祖父从韩国大邱迁到日本九州,先做矿工后务农。父亲靠着卖鱼、养猪、酿酒,慢慢富裕起来。

孙正义从小就表现出超常的领导力,而且做事很有计划。行内人都知道孙正义"用一年的时间赢得一生"的故事。

在 23 岁时孙正义花了 1 年多的时间来思考自己到底要做什么。他把自己想做的 40 多种事情都列出来,而后逐一地去做详细的市场调查,并做出了 10 年的预想损益表、资金周转表和组织结构图。40 个项目的资料全部摞起来足有十几米高。

然后他列出了 25 项选择事业的标准,包括该项工作是否能使自己全身心投入 50 年不变、10 年内是否至少能成为全日本第一等。

依照这些标准,他给自己的 40 个项目打分排队,计算机软件批发业务脱颖而出。

用十几米厚的资料做事业选择,目光放在几十年之后,这样的深思熟虑,这样的周密规划,注定了他日后的成功。

计划的目的是要促使目标的实现,而并不是对个人的一种束缚与管制,必须做或不应该做什么是由计划决定的。制订计划的过程其实就是一个自我完善的过程。所以在行事之前,一定要坚持制订计划,并坚信会实现它。

计划不分大小,都是通往目的地的灯塔和桥梁。大至国家的"五年计划",小到个人的一年、一季度、一月、一周,甚至每天,都需要有一个明确的方向性和指导性。而计划就很好地充当了提纲挈领的引导角色,让自已做人做事有章可循。一个科学而周密的计划往往能减少人们通往目的地的阻力和波折,使得原本复杂的网络化问题变得如条条清晰明朗的单线一样,简单而行之有效。

把目标分级化

拿破仑·希尔的格言是"欲速则不达"。他主张采取分步的方法进行活动,而不是迈开大步向前走。他指导年轻人时说,可先采取初级步骤,不能急功近利地试图一蹴而就。

分步、初级,实际上这些都只是让复杂的"链式结构"化解为简单的"一线排列"的行事方法。面对繁多的任务时,只有"化整为零"、分而治之,才能在最短的时间内做出最优质的成果。如此把所有的"优质"串联起来,自然就会轻松地达成"链式"的终点。

曾经有一位 73 岁的老人从旧金山步行到了佛罗里达州的迈阿密市。她克服了重重困难,经过长途跋涉,她终于到达了迈阿密市。

这位老人吸引了当地各大媒体的记者,大家争相去采访她,他们很好奇,她是如何鼓起勇气徒步旅行的,路途中的艰难是否曾经吓倒过她。

"徒步这么遥远的路程,对于我们年轻人来说,几乎都是不敢想象的,我们觉得您就像一个奇迹,能告诉我们您是怎样达到的吗?"一位男记者抱着极大的好奇心问。

"事实上,这一路上我的计划从未有所变动过,那就是:前面下一个小镇。"老人回答说,"要知道,走一步路是不需要勇气的,我所做的就是这样。我先走了一步，接着再走一步，然后再一步，很容易就到达了前面的小镇。然后我再把上一个计划原封不动地简单重复一下，就可以了。"

的确，做任何事，只要迈出了第一步，然后再一步步地走下去，就会逐渐靠近最终的目的地。利用分割法，化整为零，一点点向前，把途中的每一点连成一条直线，它的终点既是成百上千个"点"中的一个，更是那个终极目标的达成地。这成百上千个"点"就是众多的小目标，它自然而然地就会铺就一条成功之路。

宏伟蓝图自然是具有无穷魅力的，但目标的实现又不是唾手可得的。若试图一下去抓住事情的达成结果，无异于想在一天之内建造出一座罗马城，给自己徒增繁重压力的同时，也让简单的问题复杂化。

所以说，人生无论是长久的计划，还是宏伟的目标，绝非一蹴而就，它是一个不断积累的过程。而一个个量化的具体计划就是人生成功旅途上的里程碑、停靠站，每一个"站点"都是一次评估、一次安慰和一次鼓励。是否能量化，是计划与空想的分水岭；只有把每一小段的目标都可视化，才不至于让自己的理想成为海市蜃楼。

1984年的东京国际马拉松邀请赛中，名不见经传的日本选手山田本一大爆冷门，夺得了世界冠军。当记者问他凭什么取得如此惊人的成绩时，他的一句"凭智慧战胜对手"让当时体育界嘘声一片。许多人都认为这个偶然跑到前面的矮个子选手是在故弄玄虚。马拉松比赛是体力和耐力的较量，只要身体素质好又有耐性就有希望夺冠。而爆发力和速度都还在其次，说用智慧取胜确实有点故弄玄虚。

两年后，意大利国际马拉松邀请赛在意大利北部城市米兰举行，山田本一代表日本参加比赛。这一次，他又获得了世界冠军。记者又请他谈经验。性情木讷、不善言谈的山田本一回答的仍然是上次那句话：用智慧战胜对手。这回记者在报纸上没再挖苦他，但对他所谓的智慧还是迷惑不解。

十年后，这个谜终于被解开了，在自传中他是这样说的："每次比赛之前，我都要乘车把比赛的线路仔细地观察一遍，并把沿途比较醒目的标志画下来，比如第一个标志是银行，第二个标志是一棵大树，第三个标志是一座红房子……这样一直画到赛程的终点。比赛开始后，我就奋力地向第一个目标冲去。等到达第一个目标后，我又以同样的速度向第二个目标冲去。40多公里的赛程，就被我分解成这么几个小目标轻松地跑完了。起初，我并不懂这样的道理，我把我的目标定在40多公里外终点线上的那面旗帜上，结果我跑到十几公里时就疲惫不堪了。我被前面那段遥远的路程给吓倒了。"

山田本一说的话不错。众多心理学实验让专家得出了这样的结论：当人们的行动有了明确目标，并能把自己的行动与目标不断地加以对照，进而清楚地知道自己的行进速度和与目标之间的距离，人们行动的动机就会得到维持和加强，就会自觉地克服一切困难，努力达到目标。

原来，在现实中我们做事之所以会半途而废，这其中的原因往往不是因为难度较大，而是觉得成功离我们较远。确切地说，我们不是因为失败而放弃，而是因为倦怠而失败。在人生的旅途中，我们不妨具有一点山田本一的智慧，化繁为简，懂得大目标是由成千上万个小目标组成的。这样，很多事情做起来就没有我们原先想的那样难以达成。

设定一个不太难实现的小目标，无形中就让自己长久坚持下去的动力变得强大起来。这样我们就会因为每一个小目标的简单易行而感到压力减轻，也正因为感到应对自如，我们就会发现自己渴望去做生活中其他需要改变的事情。当实现每一个小目标后，就会有一种更加积极的强化力量来帮助我们沿着通向最终更远大目标的道路不断前进。

人就要有所不为

两千多年前，孔子就认为君子要"有所为，有所不为"。"为"就是"做"，应该做的事必须去做，这就是"有为"；不应该做的事必不能做，就是"有所不为"。如果一个人修身能修到有些不该做的事情别人都在做，而自己硬是不做，这就达成了一种境界，算得上是"君子"了。

"为"与"不为"在于取舍，或叫选择。我们在谋划应该做的事情时，也应该对绝不能做的事有一种判断和执着。如此的做事方式才让通向成功的道路更加简单，让我们感知生活的美好。

我国著名文学家林语堂先生的书斋名叫"有不为斋"。林先生对语言有精准的把握，他很好地截取了"君子有所为，有所不为"这句话，以此作为自己的书斋名，以提醒自己人生要学会取舍。而林语堂的一生的确也是"有所为，有所不为"的。

林语堂曾说："写作的时候，也是我最快活的时候。"为了"最喜欢做的事"，他一生"有所为"于写作，对我国当代文坛起到了不可估量的作用。

为此，林语堂断然"不为"于做官。他不止一次地表明自己的想法：有的文人可以做官，有的文人不可以做。自己对官场上的生活是无论如何也吃不消的，一怕无休止地开会、应酬、批阅公文，二不能忍受政治圈里小政客的那副尊容。

有一次，蒋介石要给他一个"考试院"副院长的职位，两人谈了好久。出来时，林语堂笑眯眯，一脸释然放松的神情。

友人说："恭喜你了，在哪个部门高就？"

他笑眯眯地回答："我辞掉了，我还是个自由人。"

林先生为什么不把书斋取名"有为斋"，而刻意截取"有不为斋"呢？或许在他心目中，"有所不为"比"有所为"更重要，从某种程度上来说也更难做到。

这个世界充满着矛盾，大大小小的事情很多时候都会有正反两面。就像有为与无为，选择其一，势必会放弃另外一个。鱼与熊掌不可兼得，适时地放弃不仅会让我们节省更多的时间去做更有意义的事，还可以避免繁乱忙碌后的"竹篮打水"。为人行事中，只有抛弃不适合之处，才能显现出真正的杰出。

有所不为是一种豪气和洒脱，是为了更深层面的进取，是一种真正意义上的简约。之所以举步维艰，是背负太重，之所以背负太重，是还未学会"有不为"。"如果不是当初罗谢尔夫人的那段话，也许我一直还处于'苍蝇乱转'的状态。"时至今日，已是斯坦福商学院教师的吉姆在回忆当初自己刚毕业的那段日子时，仍然感慨不已。

那时，吉姆在斯坦福商学院研究生班学习，师从罗谢尔·迈亚斯夫人和迈克尔·雷先生。他每天都极尽拼命地工作，从早到晚忙忙碌碌。

后来有一天，罗谢尔夫人走到他的工作室，对吉姆说："我注意到了，吉姆，你是个做事相当没有条理的人。"这话让吉姆既吃惊又感到些许不服气，不管怎么说，他也自认为是那种每到新年伊始就认真设定目标并且付诸行动的人。

可还没等吉姆开口，罗谢尔夫人继续说道："你天生的旺盛精力使你做事不讲主次、没有条理，你每天过着忙忙碌碌的生活，而不是井井有条的和谐生活。那么现在，我给你布置一份作业：假设你明天醒来时接到两个电话，第一个电话说有一笔 2000 万的遗产由你继承，并且不需要任何条件；第二个电话告诉你得了不治之症，最多还有 10 年的时间。面对这两种不同的情况，你怎样重新理解生活的轻与重，更重要的是，你会不会做一些舍弃，有所不为呢？"

这个作业成了吉姆人生的转折点，他认识到自己确实有旺盛的精力，但是没有用对地方。而有所不为成了他制订年度计划的原则，这不仅帮助他理清了思路，而且还懂得了如何分配时间——这一最宝贵的资源。

毕业后，吉姆在惠普公司找到了工作。虽然他非常满意这家公司，但并不怎么喜欢这份工作。而罗谢尔夫人的作业让吉姆认清了自己，使他明白了最适合自己的是成为一名研究人员而非一个商人。

于是，他停止了手中的工作，辞了职。最终，吉姆找到了适合自己的工作：他又回到了斯坦福商学院，有幸成为了该院教师队伍中的一员，每天忙于各种研究和写作而乐此不疲。

对那些有悖于自己生活情趣和人生追求的事情，就要果断撇开，不让那些"不为"的繁乱干扰我们本该简单的生活方式。在舍弃繁杂中选择"不为"，就是为了更好地"有为"。

同时，人若以简单的心境去工作与生活，即使艰难困苦，也会充满快乐。因为，简单可以令人清醒，使人专注。英国的弥尔顿说："心灵是一个特别的地方，在那里可以把天堂变成地狱，把地狱变成天堂。"莫要用纷繁芜章的做事方法蒙住了我们的双眼，捆绑了我们的心灵。生活是简单而又美丽的，只要我们学会有选择地放弃，懂得"有所不为"，就一定能全方位地欣赏这个美丽的世界。

第二章
简单是一种宽容单纯的处世方式

简单做人,其实是一种大智若愚的方式,于生活、于人生,都会少去许多纷扰和纠缠,随之而来的便是种种轻松和愉快。因为,做人简单了,事情也就不再复杂。没有了争强好胜和锋芒毕露,没有了尔虞我诈和钩心斗角,就会少了扰心的杂念和私欲,也就会减少许多顾虑和烦忧。

崇尚返璞归真,让心灵变得纯朴、自然、厚道,才是简单做人的本真。一弯浅浅的微笑、一声暖人的问候、一场默契的配合、一次深情的拥抱,都可以传情达意,表述相知。

不喧闹、不浮夸是最好的姿态

《史记·滑稽列传》中有这样一句话:"酒极则乱,乐极则悲,万事尽然,言不可极,极之而衰。"它想告诉我们的是,在牢记"无限风光在险峰"的同时，更不要忘记"高处不胜寒"。做人要低调，胜不骄，得不傲。

低调，就是用简单而平和的心态来看待世间的一切，不喧闹，不浮夸，不矫揉造作，不故作姿态。卑微安贫道，显赫盈若亏。这是一种大繁若简的姿态和品格，更是一种大智若愚的胸襟和智慧。

山从不炫耀自己的高度，但并不影响它的高耸入云；海从不解释自己的深度，却也不会影响它的深不可测；地从不显露自己的势力，却没有谁能忽略它的厚度；天从不浮夸自己的空阔，却被尊之为囊括之首。因此，我们也不用过多说明自己的能力，不显山不露水，风度自现，智慧自成。

所谓低调，绝不是一种懦弱和无用；相反，低调才能成就大事。我们不妨来听听老子与他的老师商容之间的一段对话。

老子曾求学于一位殷商时期很有学问的贵族，他名叫商容。在他生命垂危的时候，老子来到床前问候他说："弟子来此聆听老师的教诲。"

商容说："你已经完全掌握了我的思想，现在我只想问你：为什么人们经过自己的故乡时，都要下车步行？"

老子不假思索地说："我想这大概是表示，人们没有忘记故乡水土的养育之恩吧。"

商容又问道："走过高大葱翠的古树之下，人们总要低头恭谨而行，你知道为什么吗？"

老子想了想，回答说："也许大家是仰慕它顽强生命的缘故吧。"

听到这样的回答，商容不禁舒心而笑。少顷，他又张开嘴让老子看，并问道："你看我的舌头还在吗？"

老子有些不解地说："还在啊。"

商容又问道："那么我的牙齿呢？"

老子说："已全部掉光了。"

商容目不转睛地注视着老子，说："你明白这是什么道理吗？"

老子沉思了一会儿，说："我想这是刚强的容易过早衰亡，而柔弱的却能长存不朽吧？"

商容满意地笑了，对他这个杰出的学生说："天下的道理已全部包含在这两件事之中了。"

低调就是一种显示为柔弱，但是比刚强更有力的策略。在人与人的交往中，生存自然是第一位的，然后才能谋求发展。这就要求我们要培养自己平和谦逊、低调简约的做人品格。只有不被自身耀眼的光芒所迷惑，才更有可能避开祸端。

纵观历史，历代那些有功的大臣们，能够做到功盖天下而不令主上怀疑，位极人臣而不被众人嫉妒，尽享富贵而不被别人非议，实在是少之又少。其中最重要的原因是就是他们不懂得低调做人，他们不明白：放低姿态才是自我保护的最佳途径。

晚唐时期功勋卓著的朝廷重臣郭子仪，因政绩显赫而被封为汾阳郡王，王府就建在长安。自从王府落成之后，郭子仪下令每天都将府门大开，任凭人们自由进出。

一天，郭子仪帐下的一名将官要调到外地任职，特意到王府来辞行。他早就听说王府中鲜有禁忌，便直冲冲一路往前走。当他走进内宅时，恰巧看见郭子仪在一旁侍奉夫人和他的爱女梳妆打扮，一会儿递手巾，一会儿端水，如仆人一样。而郭子仪却在堂前厅后跑来跑去，忙得不亦乐乎。

这位将官虽然当时忍住了讥笑，但刚出了王府就乐个不停。回家后，他忍不住把这个情景告诉了家人，不曾想一传十十传百，几天的工夫，京城的大街小巷都知道了这个茶余饭后的笑话。

如此，郭府上下的人也不免都有所耳闻。郭子仪的几个儿子听后感到父亲的颜面大大地被羞辱，便相约一起来劝说父亲关上王府大门，禁止闲杂人等出入。他们一个个义愤填膺、慷慨激昂，甚至还搬出了商朝的贤相伊尹和汉朝的大将霍光，以此说明古今上下没有人像父王这样"透明"的。

郭子仪含笑听完了儿子们的抱怨之后收起笑容，语重心长地说："我之所以敞开府门，任人进出，并非是为追求那些浮名虚誉，而是为了保全自己，保全我们全家的性命啊。"

儿子们听了，一个个都被父亲这份郑重吓倒，忙问其中究竟。

郭子仪叹了口气，说道："你们光看到郭家显赫的地位和声势，却没有意识到这些是会随时丧失的。正所谓月盈而蚀，盛极而衰，人世同自然，不妨做到急流勇退。可是眼下朝廷又倚重于我，断不肯让我归隐脱身。在这样进退两难之时，如果我紧闭大门，不与外面来往，只要有一个人与我郭家结下仇怨，那麻烦可就大了。你们想，我打了那么多的仗，仇敌会少吗？如果有一个人诬陷我们对朝廷怀有二心，就必然会有人落井下石，那些嫉贤妒能的小人也会从中添油加醋，制造冤案。那时，我们郭家又如何得以保全？"

儿子们听后都默不做声，仔细掂量着父亲这番话的重量。

内敛含蓄，得意而不忘形，时刻在内心划一道警戒线，明示哪些是可以逾越的，哪些是不能触碰的。这不仅培养了我们简明淡定的心态，更让我们感受到了胸怀大志的视野。正所谓"小智若仙，大智若愚"，只有懂得矜持低调、不事张扬的人，才能如流水般，川流不息、源远流长。

"难得糊涂"的真意

人们常说幸福是需要一种钝感力。嘈杂扰攘中，有太多的隔膜和争吵；难得糊涂，便是淡然视之，放松心头的重负，从简从初，转而收集人生更多快乐有益之事。只要我们能在不同的境遇下，都抱着一种难得糊涂的心态，简化繁乱、淡化得失，那么自然就会心安神定、波澜不惊。

我们大都知道郑板桥的"难得糊涂"四字，却很少了解到它的出处缘由。

有一年，郑板桥专程来到山东莱州的云峰山观仰郑文公碑，因天色已晚，他不得不借宿于山间的一处茅屋。

进屋后，一位儒雅老翁，自然是小屋的主人，热情地招待了郑板桥。老人出语不凡，自命"糊涂老人"。

交谈中，老人请郑板桥欣赏陈列在屋中的一方砚台，如方桌般大小，石质细腻、镂刻精良，让郑板桥大开眼界。

后老人又请郑板桥题字，以便刻于砚台背面。郑板桥则自觉老人必有来历，便题写了"难得糊涂"四个字，并用了"康熙秀才雍正举人乾隆进士"方印。

因砚台颇大，尚有余地，郑板桥则请老先生也写一段跋语。俯仰间，一段小楷便赫然而现："得美石难，得顽石尤难，由美石而转入顽石更难。美于中，顽于外，藏野人之庐，不入富贵之门也。"随后也用了一块方印，印上的字却是"院试第一，乡试第二，殿试第三"。

郑板桥大惊，细谈之下才知道老人原来是一位隐退的官员，又有感于糊涂老人的命名，见还有空隙，便也补写了一段："聪明难，糊涂尤难，由聪明而转入糊涂更难。放一着，退一步，当下安心，非图后来报也。"这就是"难得糊涂"的由来。

人生在世，又岂有时时顺心、事事如意？如此，做人就不应处处斤斤计较，精明计算；该糊涂的时候就不要顾及自己的面子、学识、权势，而一定要糊涂。放下复杂的构思，拾起简单的方式，才可不为烦恼所扰，不为人事所累。

与人交往时，糊涂有时是润滑剂，在自信与亲和的衬托下便拉近了彼此的距离。遇事时，糊涂有时是助推器，在置身事外的分析中便解决了困扰已久的问题。这是一种大彻大悟的理解，体现了一种智慧大简的境界。而过分较真、过于追求完美，有时反而适得其反。

一位得道高僧自感年老体衰，决定从自己门下的两个得意弟子中选出一个衣钵传人。而高僧对两个徒弟的考核也很简单：各自出门去捡一片最完美的树叶，谁找到了谁就可以继承衣钵。

两个徒弟听到师父的题目后，没有多想就领命而去，各自奔走。

没过多久，大徒弟拿着一片非常普通的树叶回来了。这片叶子看上去没有任何特别之处，更谈不上所谓的完美。

而后，又过了很长时间，小徒弟才回来。他两手空空，非常沮丧地对师父说："我看到外面有许多的叶子，但是按照您的要求，我看到这片叶子不如那片叶子好看，那片叶子又不如下一个完美。挑来挑去，我怎么也找不出一片最完美的树叶。"

高僧拿着大徒弟带回来的叶子，颇有深意地对他说："这片树叶虽然并不完美，但是它已经是我看到最完美的树叶，因为我已经从你的身上看到了我所需要的东西。"

结果不言自明，大徒弟得到了继承了高僧的真传。对此，两个弟子的师父进一步向他们解释说："其实，世界上本来就没有绝对的完美。如果事物都完美了，又哪里还有喜怒哀乐，又哪里会有生态万千？我们每天的修行也就没有意义了。修行的目的就是为了去除心中的杂念，让自己的心境尽量达到完美。"

大徒弟的过人之处就在于他的大彻大悟让他明白这个世界上本来就没有完美的树叶，该糊涂时就要糊涂，不能一味地较真。

其实，人生亦如此，没有所谓的绝对完美；而我们立世做人，也不可能时时拔高显精。对于那些不可能达到的程度，我们完全可以糊涂一下，退而求其次。只要心中不再自我纠缠，那么我们的人生就会变得相对"完美"，那些人生中不可避免的瑕疵，也会在糊涂的感觉中变得不再那么难以忍受。

难得糊涂是一种经历，只有饱经风霜的人才能深得真谛。难得糊涂是一种境界，只有心中目标恒久的人，才会对细微末节不屑一顾，才会着眼大方向、统领大局面。难得糊涂是一种资格，能淡泊名利、宁静致远的人，他们内涵丰富、底蕴深厚，以平常、平静之心对待人生，泰然安详。难得糊涂也是一种智慧，在纷繁变幻的世道中，能看透事物，看破人性，知风云变幻、处轻重缓急；难得糊涂更是一种做人的方式，只有胸襟坦荡、超凡脱俗之人才能拥有如此包容万象的气度。

聪明为何反被聪明误

《菜根谭》中早有训导："智械机巧，不知者为高，知之而不用者为尤高。"有时候迟钝一点，傻一点，往往要比过于敏感、过于聪明更加顺畅。

这种傻并不是生理上的缺陷，而是心理上的一种大智慧。不去争抢不是傻，是一种风度；不去琢磨不是傻，是一种境界。即使吃了一点亏，也因自身的光明磊落而保全了我们的人格。为人格而傻，为境界而傻，给人信任，予己安全。如此一片晴朗的心空，傻一点又何妨？

古语说"聪明反被聪明误"，历史上不知有多少被"耽误"了的精明人。还有一句老话说"傻人有傻福"，傻人用他最大的"傻"的资本无意中得到的，可能比聪明人费尽心机谋取的还要多。

因为傻，便容易知足：有吃有穿就幸福，别人再好的东西也不羡慕；因为傻，便轻松了自己，长寿了身体：不去绞尽脑汁地算计与琢磨，活得自在，活得坦然；因为傻，便给人以信任，给人以安全：人们往往要首先解除了威胁，才有可能相互靠近，那憨憨的傻态，让人感到一种发自内心的真诚和友好；因为傻，便予己于快乐，予己于幸福：没有了那么多的敏感多疑，屏蔽了锋利和残酷，脾气自然也就随和了，心性自然也就宽容了。

一部《阿甘正传》，传递了多少感动。

阿甘是一个智商低于80，从小呆头呆脑的弱智者。他思想简单、目标单一、行动贯彻始终，被所有人以"傻子"唤来唤去。然而，全美橄榄球明星、越战英雄、亿万富翁，这些头衔又不断地被阿甘得到。

当一群孩子要欺负阿甘的时候，珍妮告诉他快跑！脚跛的他单纯地听从了，没命地跑，快得超过了正常的男孩。球场上，教练告诉他："什么都别想，抢着球就跑！"他又单纯地听从了，结果他跑来了大学毕业证，跑成了"球星"。越南战场上，他的上级告诉他："遇见危险就跑！"他再次单纯地遵从，最后不但平安归来，还跑成了"国家英雄"。

阿甘在立志要完成好友生前的心愿。他并没有考虑去做鱼虾生意会给自己带来什么好处、什么恶果，只是单纯地认为这是好友的心愿，必须帮他完成。

也许，果真如老子所说："少则得，多则惑。"知道得越少，反而收获越多；知道得越多，反而越会迷惑。如此说来，简单纯明的人更容易成功。而阿甘正是这样一个简单的"傻子"，他的思维方式跟常人比起来要简单得多，不会考虑他的行动将会带来多少好处。若是认为这是应该做的，他就去做。阿甘善于把所有的问题都简单化，简单到只剩下了直奔成功。

可以说，他的头脑非常单纯，对一切事物似乎都茫然无知，如一个刚出生的婴儿一样纯真。由于他的傻，阿甘在做一件事的过程中，可以摒弃许多常人所具有的疑思顾虑、患得患失；一旦认定目标，就会完全投入其中，达到浑然忘我的境界。阿甘通过自己独特的思维方式将复杂的万象简单化，而常人却往往无法摆脱自身定向思维的框架，将自身的思维方式作为衡量的尺度，进而把眼光局限在事物的表层，忽略了事物的本质。

傻人往往因为他的简单和实在，给人一种安全感和信任感。和傻人在一起，不用再防备算计、担心被陷害，身心自然也就放松了。在傻人面前，人们很容易确立自己的优势；有了自信，也就变得随性，彼此之间也就和谐了。

赵迪从小没有什么文化背景，因偶然的机会在家乡搞起了日用品批发，做起了分销商。

他做生意与别人不太一样：在与每个分销商分红时，赵迪主动提出自己拿小头，大头给对方。如此一来，凡是和他有过接触的人，都成了他的"回头客"，不仅愿意再次与他合作，并且还会介绍一些朋友给赵迪。时间不长，赵迪在圈子里就有了厚道的口碑，生意出奇地好。仅仅两三年的光景，他就摇身一变成为了一名总经销。

在被问及成功秘诀时，赵迪总是憨憨地笑。其实他知道，把许多小头集中起来便成了大头，他才是真正的赢家。

当然，不一定所有的"傻"都能换来"福报"。但如果是纯粹为了得到"福报"而傻，那么这个"傻"也就又成了另一种机巧。这里的"傻"是胸怀的坦诚和单纯。心地纯净，私念就少，烦恼也就少。如此，做事便更加顺畅，做人便更加谐和。

智慧的人敢于自嘲

关于嘲笑，富兰克林·罗斯福曾经说过："笑的金科玉律是，不论你想笑别人怎样，先笑你自己。"嘲弄他人是一种道德低下的表现，但有时嘲笑一下自己却是体现了一种美德。

一个善于自嘲的人，往往是一个富有智慧和情趣的人，也是一个勇敢和坦诚的人，更是一个将自己上上下下、里里外外都看得很明白的人。自嘲是一种鲜活的做人态度，它可以使原本颇为沉重的东西刹那间变得无比轻松，从而让人能时刻保持一种平衡的心境。

有这样一则故事，不管是传说，还是演绎，我们从中看出的是大哲学家苏格拉底在生活中深厚的修养。

据说，苏格拉底的妻子是一个性格彪悍粗暴的女人，生活中时常对他无端乱发脾气。而苏格拉底逢人便自嘲道："娶这样的女人为妻让我受益匪浅，不仅可以锻炼我的忍耐力，还能加深我的人格修养。"

某天晚上，他的老婆又发起脾气来，大吵大闹，无论苏格拉底怎样劝说都不肯罢休。

无奈下，苏格拉底只好退避三舍，去外面走走。可没想到，他刚走出家门，那位怒气未消的夫人就从楼上突然倒下一大盆冷水，恰好全部浇在了苏格拉底头上。瞬间他浑身上下就湿透了，俨然一只落汤鸡。

这时，只见苏格拉底打了个寒战，不慌不忙地自言自语说："我早就知道，响雷过后必有大雨，果然不出我所料。"

纵使苏格拉底有万般的无可奈何，但他带有自嘲意味的讥讽使自己从这一窘境中超脱出来。化怒气为"糨糊"，给自己一颗"宽心丸"的同时，也让乏味枯燥的生活重新恢复了弹性。

笑笑自己的狼狈处境，笑笑自己的观念、遭遇、缺点乃至失误，看似显得愚钝轻视，实际上是一种对生活释然、对命运达观的大智慧。在美国，每一个迈进政界的人都要拥有随时被人"打"的心理准备。如果缺乏嘲笑自己的本事，那么就没有那么多从竞选中脱颖而出的"非科班"出身的总统了。

人生不如意之事常有八九。面对凄风苦雨的侵袭，在恶劣的环境中，就更应该抱有一颗感恩而知足的心去面对生活。心理学家认为，懂得自嘲的人不仅活得快乐、自信，而且心胸必然宽阔，一生过得也将达观而坦荡。

古代有一个叫梁灏的文人，一生都心心念念想着通过科举功名而报效国家。他从小就立下誓言，不中状元誓不为人。

然而世事难料，梁灏从少年考到青年，又从青年考到壮年，寒暑冬夏十余载却屡试不中，受尽了别人讥笑。但梁灏并不在意，他总是自我解嘲地说，这一次考完后如果没中，就是离状元又近了一步。

在这种自嘲的心理状态中，梁灏从后晋天福三年开始应试，历经后汉、后周，直到宋太宗雍熙二年，终于考中了状元。

他曾写过一首自嘲诗："天福三年来应试，雍熙二年始成名。饶他白发镜中满，且喜青云足下生。观榜更无朋侪辈，到家惟有子孙迎。也知少年登科好，怎奈龙头属老成。"

在漫长的坎坷中，梁灏就是凭着一种鲜活而轻松的自我解嘲的心态而终于走向了成功。自嘲也使他走向了长寿，活过了古人难以逾越的九旬高龄。

有时候，一个小笑话、一段小故事，或者转述一句妙语、一则趣谈，都能让我们摆脱尴尬的窘境，让原本颇为沉重的气氛瞬间变得轻松起来。甚至保护了自己的安全，让他人砸过来的重拳如同落在了棉花之上。

让我们陷入难堪的，往往都是由于自身原因，如外貌的缺陷、自身的缺点、言行的失误等造成的一些"话柄"。而陷入尴尬之境的，大都是自卑而执拗的人；拥有自信的人却能较好地化解，于无形处维护了自尊。对影响自身形象的种种不足之处大胆而巧妙地加以自嘲，不但不会降低我们的人格，反而能出人意料地展示自信，在迅速摆脱窘境的同时，展示我们潇洒不羁的交际魅力。赫伯·特鲁在《幽默的人生》一书中把自我解嘲列入最高层次的幽默。如果能结合具体的交际场合和语言环境，把自己的难堪巧妙地融进话题，并引出富有教育启迪意义的道理，则更是妙不可言。

无论怎样，嘲笑自己的长相，或嘲笑自己做得不是很漂亮的事情，会给他人传递出一种和蔼可亲的人情味，同时，也让我们逐渐练就了更为豁达的心性，从而活出洒脱宽广的自己。

宽容是对仇恨最好的回应

英国哲学家培根曾这样论及报复:"报复的目的无非只是为了同冒犯你的人扯平,然而有度量宽谅别人的冒犯,就使你比冒犯者的品质更好。"

"宽"被圣人奉为五德之一,一个宽宏大量的人才能与众人相交。"世界上最宽阔的是海洋,比海洋更宽阔的是天空,比天空更宽阔的是人的胸怀。"宽恕就是这样一种比天空更宽阔的胸怀,它能够化解世界上最顽固的敌意和最强烈的仇恨。宽容往往是对仇恨最好的回应。

宽容是一种美德和智慧,就像《宽容之心》中所写:"一只脚踩扁了紫罗兰,它却把香味留在了那脚跟上,这就是宽恕。"世界上只有一种人能够做到没有永远的敌人,那就是懂得宽恕之道的人。

对于仇恨来讲,宽恕往往比报复难做得多,但这也正体现了一种对人对事包容、接纳的气度和胸怀,就像《六度集经》中这个故事的主人公一样。

长寿王仁政爱民、慈悲为怀,使国家风调雨顺、财富民丰,然而不曾想却因此而勾起了邻国贪王的野心,准备出兵抢夺。长寿王不愿殃及无辜百姓,便决定舍弃王位,与儿子长生一起遁隐山林。

贪王占领了长寿王的国土后,欲壑难填,仇意肆起,下令追捕长寿王父子。长寿王在一次敌我力量悬殊的偷袭中,为了保护儿子长生而不幸被捕。临死前,长寿王看到自己的儿子混杂在人群中,满怀仇恨地盯着贪王,便大声说:"希望我的儿子能以仁为诫,以德报怨,不要为我报仇。"

虽然听到了父亲的遗言，但满腔怒火的王子一心只想着报仇，于是他千方百计地得到了贪王的赏识，进而成为贪王的贴身侍卫。

在一次伴随贪王出行的途中，长生刻意让贪王远离随从，在山林间迷了路。筋疲力尽的贪王躺下来休息，在其熟睡之际，长生正准备动手杀了他，但忽然想起父亲的遗言，便犹豫不决起来。

最终，长生决定尊奉父亲的遗言，原谅贪王，同时，主动向贪王表明了自己的真实身份，并说："你杀了我吧，免得我报仇的念头又死灰复燃。"

震惊的贪王被长寿王父子的宽容和仁慈所感动，当下幡然醒悟，于是将国土归还给了长生，两国从此结为兄弟之邦。贪王自己也一改残暴，像长寿王一样善待人民、体恤百姓疾苦了。

正如圣严法师所说："慈悲没有敌人，智慧没有烦恼。"真正的宽容来自于博大的胸襟，来自于爱人如己的智慧。的确，心怀宽容，尤其是面对仇恨时仍能容纳对方，是让人肃然起敬的。然而，生命的意义就在彼此的接纳中展现出它的和谐之美。饶恕是一种极高的境界，一个饶恕别人的人也会因为自己的生活中不再充满仇恨而得到心灵的释放。

也许我们还没有遭遇像长寿王父子一般的仇恨，但人们在生活中也大都会受到有意无意的伤害。有的人生气后，随时间而淡化；有的人拿起武器进行反击，并适时而止；有的人置之一笑，调整好心态，继续走自己的路；而有的人却无法从不快的心理阴影中走出来，他们常常扒开伤口查看，每看一次，伤口便扩大一分，于是报复心理便随之产生。当他人以恶劣的态度相向时，我们若能忍耐一时之气，以宽容之心对待，以理智之态处理，那么在不知不觉中便会创造出许多美好。

明代大臣金忠在任兵部尚书时，有个同籍的老乡来京师谋生，想求助金忠略微扶助自己一下，但又非常担心金忠容不下他，因为此前自己曾多次侮辱过金忠。

没想到，金忠听说后，非但没有挟嫌报复，反而尽力举荐他。这让跟随金忠多年的手下人气不打一处来，他们便问金忠："这个人不是曾经多次伤害过您吗？"

金忠只说了一句："我举荐他是因为他身上有可以为国家效力的才能，又怎么能以个人的恩怨而有意埋没人才呢？"

容忍、宽恕别人，同样也是在善待自己。就像人们常说的，我们的心如同一个容器，当爱越来越多的时候，仇恨就会被挤出去。消除仇恨并不需要刻意地复杂而为，只要用一颗简单的宽容之心来不断充实自己，那么仇恨自然也就没有容身之所了。如此，仁爱的光芒便会照亮我们的心灵，让我们在参透人生智慧的同时，获得那份难得的从容与超然。

保持一颗单纯的心

大文豪托尔斯泰说过："没有单纯、善良和真实，就没有伟大。"单纯是一种简单而纯真的关系。它的意义在于萌动心灵的意识，用单纯的心去接近生活中复杂事物的真实层面。正是这样一种渴望和祈求，创造了人性纯真而朴实的爱，让我们感受到一种淡然而脉脉滋润着的快乐。

往往，思想和行为的过度倾向只会减损快乐，掩蔽基本价值。快乐来自于心中有爱，有信仰和希望，这些都是人性最本初的质朴。所以可以这样说，快乐根植于单纯。保持一颗单纯的心，于事，专注踏实；于人，友善真诚。在现实生活中显现出一种至纯至简的情怀,驶往人生幸福的彼岸。

人生之初,苦难与死亡就已经注定要去面对:苦难就像一只饥饿的老虎,或尾随或追赶;死亡如同一头凶猛的狮子,一直在悬崖的尽头等待。而白天与黑夜,就像一白一黑两只老鼠,不停地啃噬着我们暂时栖身的生活之树,总有一天我们会跌入狮子的口中。

一个年轻人在森林中探险的时候,突遇一只老虎。老虎饥饿的眼神告诉他一切,此时,除了拼尽全力逃离之外,他别无选择。最后,老虎的穷追不舍把他逼到了一个断崖边上。

俯瞰悬崖下,年轻人想:与其被老虎活活咬死,还不如跳下悬崖,说不定还有一线生机,于是便纵身一跳。然而年轻人在半空中却停住了,睁眼一看,自己被挂在了一棵长在悬崖边的梅树上,树上结满了梅子。

年轻人如获重生,喜从心生。正在这时,一声闷雷似的吼声从他脚底下的断崖深处传来。他用余光一瞥,一只凶猛的狮子正在崖底踱来踱去地抬头望着他。

年轻人刚放下的心瞬间又提到了嗓子眼儿,更不妙的是,他的耳边传来了一阵的声音:一黑一白两只老鼠正在用力地咬着梅树的树干。

他惊慌得剧烈地颤抖,这让本来就不怎么壮实的树干也跟着晃动起来。这时,年轻人转而一想:既然已经这样了,我干脆不要这么紧张;万一没被摔死、咬死,反而倒被吓死了,那岂不是太亏了?

这样一想,年轻人真的就慢慢平静下来了。没过多久,情绪平复的他感到肚子有点饿了,看到手边的梅子长得正好,便顺手摘了一些吃起来,他甚至感到自己从来没吃过那么酸甜可口的梅子。吃完后,困意渐浓,年轻人心想:反正迟早都是死,还不如现在,趁着大限到来之前好好睡上一觉呢。于是,他闭上眼睛,在一个三角形的枝丫上沉沉地睡去。

不知过了多长时间，等他睡醒后再次睁开眼睛的时候，他甚至都有些不敢相信自己观望到的：黑白小老鼠不见了，老虎、狮子也不见了。最终，年轻人顺着树枝，小心翼翼地攀上悬崖，脱离了险境。

原来，就在他睡熟的时候，饥饿的老虎按捺不住，跃下悬崖。两只小老鼠听到老虎的吼声，都惊慌而逃。跳下悬崖的老虎与崖下的狮子经过激烈打斗，也都双双负伤而遁。

既然对生命最坏的结果已了然于胸，那么剩下要做的，便是在此之前的过程：安然享受树上甜美的果子，然后平静地睡去。怀着这样一颗单纯的心，我们在起点与终点之间的生活过程才会健康而美好。

只有去除内心的负担，我们才能拥有宽阔的胸襟和健康的心态。当摒弃内心的一切杂念，以豁达之心、纯简之态去看待大千世界，我们便会让他人感受到一种理解和关心，同时也获得了自身心情的愉悦和灵魂的升华。

你说心里充满了忧郁，可你有没有想过那些忧郁源自哪里，或者说，它们到底存不存在？

你标榜自己感情丰富，而你的感情又是针对什么呢？自己、朋友、家人，还是对生活？

你解释说，这都是因为自己长大了，不能再像以前那么幼稚了，应该多思考，思考生活，思考一切。

可是，别人都在欢笑，而你却一直保持严肃的面容，一个人呆坐在角落。

生活其实很简单，变得复杂的是我们的内心。就像一面镜子，我们心里装着什么，折射出来的世界就是什么样子。当我们用内心的狭隘、怀疑甚至卑劣等邪恶的品质搅扰着内心的纯净时，心灵便滑向了黑暗的深渊；相反，当心中充满了善良、真诚、仁爱、责任等美好品性时，蒙蔽心灵的浓浓烟雾就会渐渐散云，我们便实现了人格的升华和心灵的澄净。

很多时候，负累在心灵上的包袱都是我们的"智慧"创造的。要想活得轻松，并实现内心的欢愉和安宁，不妨单纯一些，愚钝一些；用简单纯洁的眼光和善良慈爱的天性去填充心灵的空间。要记得，爱，是没有恐惧的。

第三章
简单是一种心淡如菊的生活方式

这个世界，美誉如指尖的薄暖，浮名若云影的轻凉，即便会绚丽，但似烟花，难以长久。只有"一生无是无非，烧清香，吃苦茶，安闲过日子"的生活，才是人生至境。如水扬清波，如风过疏林。每一个日子看起来都很清淡，但却是心头的日子，潜着香、藏着甜，是自己真正活过的每一天。

简单地生活，并不是让人们过着清苦贫困的生活，而应该是现代人发自内心的一种精神需求。经过深思熟虑后的生活选择是一种表现出真正的自我，生活目标和生活意义明确的生活是一种追求健康、丰富、平凡、和谐的心境，是一种让自然沐浴身心，在动与静之间寻求平衡的方式。

虚名是无谓的追逐

唐代著名道士吴筠有言："虚名久为累，使我辞逸域。"我们的累，很多时候是因为追逐那些无谓的虚名浮利。

如果一个人热衷于虚名的追求，那么他对于影响的关注就远远胜于事物的本身，终究会应了那句"图虚名，得实祸"的老话。虚名，终究是一个晃人眼的光环，一时耀眼却无法触摸，又何必为了一个没有实质意义的"虚头彩"而沉陷为名誉的奴隶？把"虚名拨向身之外"，无论浮华劳碌，都保持一种恬淡悠然的心境；只有在这样的土壤中，生活才会慢慢散发出如菊般的幽香。

不知从何时开始，在这个社会中，鲜花和掌声就成为了成功的附属品。而这些不切实际的荣誉的确能在不同程度上满足一个人的虚荣心。然而，当我们幻想着手捧花环、万人簇拥的时候，又可曾想到，没有辛勤的汗水，再怎么追捧吹嘘，也不可能换来丰收的果实。

美国文化精神领袖爱默生曾告诫年轻人，幻想成功、追求名誉无可厚非，但更重要的是脚踏实地的精神。他说："当一个人年轻时，谁没有空想过？谁没有幻想过？想入非非是青春的标志。但是，我的青年朋友们，请记住，人总归是要长大的。天地如此广阔，世界如此美好，等待你们的不仅仅是需要一对幻想的翅膀，更需要一双踏踏实实的脚！"

一位自称是诗歌爱好者的乡下小伙子特意登门拜访年事已高的爱默生，说明自己从小就开始诗歌创作，只因地处偏远，一直得不到大师的指点，因仰慕爱默生的大名而千里迢迢前来求教。

爱默生看到这位青年虽然出身贫寒，却谈吐优雅、气度不凡，便热情地招待了他。老少两位诗人谈得非常融洽，其间，青年把自己的几页诗稿递给爱默生。一阵沉默后，爱默生认定这位乡下小伙子在文学上将会大有作为，决定凭借自己在文学界的影响而提携他。

果然，爱默生将那些诗稿推荐给文学刊物发表，并希望小伙子能继续将自己的作品寄给他。于是，老少两位诗人开始了频繁的书信来往。

青年诗人的信一写就长达几页，大谈文学，辞藻华丽，激情洋溢。这让爱默生对他的才华大为赞赏，在与友人的交谈中经常提起这位青年。青年诗人很快就在文坛中有了一点小小的名气。

但此后，这位青年再也没有给爱默生寄来诗稿，而信却越写越长。奇思异想层出不穷，言语中开始以著名诗人自居，语气也越来越傲慢。爱默生开始感到了不安，凭着对人性的深刻洞察，他发现这位年轻人身上出现了一种危险的倾向。通信一直在继续，可爱默生的态度逐渐变得冷淡，转变成了一个倾听者。

后来，在一次秋季文学聚会上，老少两位诗人又一次相遇了。爱默生询问年轻人为何不再寄诗稿了。

"我在写一部长篇史诗。"青年诗人自信地答道。

"你的抒情诗写得很出色，为什么要中断呢？"

"要成为一个大诗人就必须写长篇史诗，小打小闹是毫无意义的。"

"你认为你以前的那些作品都是小打小闹吗？"

"是的，我是个大诗人，我必须写大作品。"

至此，爱默生有些惋惜，又有些无奈，只说了一句"我希望能尽早读到你的大作"，便没再理会年轻人。

青年诗人完全没有听出爱默生的无奈，而是很自傲地说："谢谢，我已经完成了一部，很快就会公之于世。"

在那次文学聚会上，这位被爱默生所欣赏的青年诗人大出风头。他逢人便侃侃而谈，锋芒逼人。虽然谁也没有拜读过他所谓的大作品，但几乎每个人都认为这位年轻人必成大器，否则，他怎么会得到大作家爱默生如此的赏识呢？

但事实是，在那年的初冬，爱默生收到了这个青年诗人的最后一封信，终于承认了之前畅想的所谓大作品，完全就是子虚乌有之事。他在信中写道:"很久以来,我一直都渴望成为一个大作家,周围所有的人也都认为我是一个有才华、有前途的人,当然我自己也一度是这么认为的。我曾经写过一些诗,并有幸获得了阁下您的赞赏,我深感荣幸。使我深感苦恼的是,自此以后,我再也写不出任何东西了。不知为什么,每当面对稿纸时,我的脑中便一片空白。我认为自己是个大诗人,必须写出大作品。在想象中,我感觉自己和历史上的大诗人是并驾齐驱的,包括尊贵的阁下您。在现实中,我对自己深感鄙夷,因为我浪费了自己的才华,再也写不出作品了。"

从那以后,爱默生就再也没有得到过这位青年的任何消息。

青年诗人为了满足虚荣心,一味苦苦地追求大诗人的头衔,却又不想脚踏实地地付诸努力,终究一事无成。可见,虚名只是一种无畏的追逐,它不但不可能把我们向成功的道路上指引,反而会让人堕入歧途。

诚然,几乎没有人不喜欢听好话,没有人不喜欢被颂扬。那种如沐春风的幻觉让我们越来越不切实际地希望自己被拍成电影,画成油画,夹进书里,装裱在先进典型的镜框里,千古流芳。但是,浮生一梦,须臾而逝,我们只不过是"沧海一粟"的过客。每个人离去的时候,生前身后的名声都将随即飘落。

每每想到居里夫人将英国皇家学会奖章作为玩具拿给孩子时,都不免感慨。她在面对法国授予的骑士十字勋章时,毅然谢绝说:"我不要这块小铜牌,只需要一个实验室。"的确,虚名就像是玩具,只是供我们一时消遣之游乐。所有的虚名都无法替代求真务实的拥有。

不要再等"虚名白尽人头"的时候才痛心于那些光环、泡沫的破碎。悠长岁月,纵有琐事烦俗,纵有劳碌奔波,也都应保持一颗淡然之心,简简单单地直面所有的来临和结束,闲看庭前,漫观天外,看淡虚名,我们才能把握一些更实在的东西。

自己的路，自己走

美国前总统林肯说："如果证明我是对的，那么人家怎么说我就无关紧要；如果证明我是错的，那么即使花十倍的力气来说我是对的，也没有什么用。"

除了自己，没有人可以决定我们的路怎么走。对于谣言，只要心中知道自己在走什么样的路，便没有人可以减损我们前进的动力。清者自清，视而不见、充耳不闻，谣言自然便不能伤害到我们。毁誉不干其守，抑扬不更其志；内心淡然而定，任雨打风吹，自若向前。

世间的骂有两种：一是所骂之事属实，一是骂的内容虚假。如果说的是真的，那还有什么可嗔恨的呢？如果说的是假的，造假之人自得其骂，同我们没有一点关系，我们又为什么要嗔恨呢？

面对闲言议论、诋损毁谤，既然他人有心制造，我们又何必自行上前惹得一身尘杂？越是安然平静，不被搅动的水，越容易得到沉淀。所谓清者自清，胸襟使然。

狄仁杰身为一代名相，对流言蜚语泰然处之，被后世广为传颂。

狄仁杰办事公平，执法严明，广受称赞，在当地有着的美誉。武则天因此把当时还是豫州刺史的狄仁杰调回京城，并升任宰相。

但武则天还是想再考察一下狄仁杰，便在一次上朝后留住了他。武则天故意告诉狄仁杰："你在豫州任职时，政绩的确突出，名声也很是清明，所以我任命你为宰相。但是回京后，我却听见有人说你不好。"

狄仁杰只是简单应和了一声，毫不在意。

武则天不禁追问："你不想知道说你坏话的人是谁吗？"

狄仁杰正色道："人家说我的不好，如果确实是我的过错，我愿意改正；如果陛下已经弄清楚不是我的过错，这是我的幸运。至于是谁在背后说我的不是，我不想知道，这样大家可以相处得更好些。"

对狄仁杰的气量和胸襟，武则天多少也有些耳闻，但亲耳听到这样的话，还是不禁钦佩他的这种政治家风度，因此更加得到赏识和敬重他，尊称他为"国老"。

问心无愧的人无须为自己洗白。狄仁杰的处世之道，可资借鉴。

生活中，我们常常会听到别人对自己的闲言碎语，但从另一方面而言，毁谤又像是日常生活中的一面镜子，可以照出一个人的境界。一个人要战胜闲言与毁谤，不必采取针锋相对、寸步不让的态度，不卑不亢、问心无愧反倒说明内心的笃定。"毁誉从来不可听，是非终久自分明"。古今中外有很多人都是深谙其中之道的。

国外的竞选向来都是在众说纷纭中角逐。施瓦辛格也没能避免"被故事化"的遭遇，在竞选州长的时候，他受到了各种谣言的中伤。

可施瓦辛格对此却无动于衷、不急不躁，也没有流露出丝毫想去理会或回应那些无聊责难的倾向。

没想到，这一举动反而让他在选民中更受欢迎，他的人格魅力为他赢得了更多的信赖和支持，并最终获得了胜利。

竞选是这样，现实生活亦如此。一味纠缠于琐屑之事，不仅白白耗费宝贵的时间和精力，而且对我们自身的形象也是一种玷污。若因他人的品头论足而影响情绪，那么就会失去宁静的心态、专心的志向，一切不再平常，一切变得复杂起来。

面对外界的评价，实则深刻反省、力改不怠；虚则修身养性，加以自勉。重要的是我们自己如何看待自己，而非他人。倾听来自灵魂深处的声音，时刻与自己对话，进而给出正确的自我评价，拥有笃定的主见，如此，才不会在抉择时刻乱了方寸，蒙蔽了双眼。

能够享受生活的人，一定拥有博大而淡定的内心。他们对自己应该理睬和不该理睬的事物了然于胸，不会为那些无足轻重的事情劳心费神。拂去一切表面现象，事物本质的内核便安然显现。于是，我们便可以判断哪些事情只能徒耗青春，哪些事情可以改变命运。在棋盘上，往往是旁观者清、但在生命的长路中，却是谁走谁知道。每一个人生都是不同的棋盘，没有人可以把每一盘棋都下好，也没有人能准确地知道他人棋盘的样子，自己的路仍然是要自己的双脚去走出。

别人的目光

意大利诗人但丁在《神曲》中的一句名言"走自己的路，让别人说去吧"，至今仍是许多人的座右铭，它让无数心志澄明的人找到了最简单的快乐方式——做真正的自己。

人生中总要面临十字路口，有人徘徊，有人决绝；有人半途而废，也有人勇往直前。当面临抉择的时候，是坚持自己的方式，还是被扼杀在别人的目光下？如果为了取悦他人而一味地满足他人的价值观，那个真实的自我就会逐渐离我们远去。只有全面而真实地活出自我，才不会盲目和迷失，才不会被他人的目光一层一层缠绕得越来越复杂。

每个人都有自己的生活方式与态度，都有自己的评价标准，可以参照别人的方式、方法、态度来确定自己的行动方略，但万不可生活在别人目光的阴影下。一个活在别人标准和眼光之中的人是痛苦而悲哀的，他们从来都不曾体会过展现自我的快乐。

在电影历史中占有一席经典之位的《修女也疯狂》，其主演乌比·戈德堡从小就是一个"与众不同"的"另类"。但她却始终坚持着成为一个独立的个体，坚强地承担着来自他人眼光的所有疑义甚至责难，正如妈妈曾经教育她的那样。

乌比·戈德堡生长的年代正值"嬉皮士"流行的时代。她生活在环境颇为复杂的纽约市切尔西劳工区，经常打扮得奇装异服，引来周围人的议论纷纷。可她似乎一点也不在乎，依然身穿大喇叭裤，头顶蓬蓬头，脸上涂满五颜六色的彩妆。

甚至有一次，她因穿着破烂的吊带裤和漆染衬衫，而遭到好友无论如何也不和她一起逛街看电影的拒绝。

正当这时，乌比·戈德堡的母亲走过来，出人意料地对她讲："你可以去换一套衣服，然后变得跟其他人一样。但你如果不想这么做，只要确信你有足够的坚强，可以承受一切外界的嘲笑，那么就坚持下去。不过，你必须知道，你会因此而引来批评，你的情况会很糟糕，因为与大众不同本来就很不容易。"

乌比·戈德堡大受鼓舞。她突然意识到，除了母亲，没有人会在一开始就对自己的"另类"存在方式给予理解，更不要说是鼓励和支持了。如果她为了与朋友的目光"和谐相处"而换掉今天的这身衣服，那么日后又要为多少人换多少次衣服呢？也就是从那时起，乌比·戈德堡一生即使在强大的"同化"压力下，也不愿为了他人的目光而改变自己。

她在《修女也疯狂》中扮演的修女也是一个很另类的形象。就是在她成名后，也总能听到人们说："她在这些场合为什么不穿高跟鞋，反而要穿红黄相间的跑步鞋？她为什么不穿小礼服？她为什么跟我们不一样？"可最终，人们还是接受了她的风格，甚至是受了影响，学着她的样子梳起黑人细辫、做人字头，因为她是那么与众不同，那么魅力四射。

人们总是习惯以一个人的外形作为先入为主的评判依据，却忽视了内在。要想成为一个独立的个体，就要坚强到能承受来自各方面的各色眼光。乌比·戈德堡的母亲是伟大的，她懂得告诉她的孩子一个处世的根本道理——拒绝改变并没有错，但是拒绝与大众一致也是一条漫长的路。

如穿衣一样，生活中我们也不能总是随着别人的目光而变来变去。所谓"众口难调"，大千世界，人人的喜好都不尽相同，没有自我的生活方式，内心就像一叶没有根的浮萍，随波逐流。生活中原本就没有一成不变的条条框框，只要内心坚定，自然就不会起那么多的纷争，世界也会因你而改变。

很多时候，我们内心的满足来自于别人目光折射回来的色彩基调：别人羡慕我们幸福，自己感觉就很满足；别人觉得他们自己很幸福，我们就会拿自己的生活与之相比。人们总是忽视了自己内心真正想要的东西，而常常被外在的事物所左右。无论他人幸福与否，那都不是我们所能得到的生活。将自己的幸福建立在与他人比较的基础之上，或建立在他人的目光中，那么我们永远也不会感受到幸福。

一家卖了旧房、在闹市区买了新房的老邻居，劝她也该"重新动动"了。于是，女人便眼红心动，和丈夫吵着闹着也要在闹市区买房，而且还偏要和邻居是同一栋楼。

当历尽"口舌之磨、身心之疲"后，好不容易交了订金，女人仍然不满意：要买就买比老邻居大一点的那套。

等到钥匙拿到手后，心算踏实了。当亲朋好友问起时，女人显得毫不上心地随意一说："嗨，不大，才100多平米，就比那谁家的大一点儿！"

将自己的生活置放在别人的标准和目光中，相对于短暂的人生而言，是怎样的一种悲哀和痛苦。当我们总是把"别人的目光"作为终极目标时，就会陷入物欲设下的圈套。如同童话里的红舞鞋，漂亮、妖艳而充满诱惑，一旦穿上，便再也脱不下来。我们疯狂地转动舞步，一刻不停，尽管内心充满疲惫和厌倦，但脸上依然还要挂出幸福的微笑。当我们在众人的喝彩声中终于以一个优美的姿势为人生画上句号时，才发觉这一路的风光和掌声，带来的竟然只是说不出的空虚和疲惫。

看看大自然中的一切我们便会明白，简单成就真实，真实导向美丽。一泓静谧的湖泊，没有飞流直下的气势，也鲜有辽阔无垠的广域，却仍旧安然地守望着一方幽蓝；一朵洁白的云彩，没有太阳的耀眼光芒，也没有彩虹的灿烂色彩，却依然自在地飘游着一片纯净；一棵无名的小草，没有花朵的芬芳诱人，也没有树木的挺拔高大，却依然快乐地吐绽着一抹新绿……没有喧哗的鼎沸，没有华丽的陪衬，却仍然可以拥有自身的纯正圆融。安详而淡雅地存在，不会影响它们别样的美丽。人生如是，别人的目光纵有千千万，也比不上对自我心灵的诚实。如此，演绎出自己的独特，才是泰然自若中的华彩。

有梦想就要去追寻

新东方董事长俞敏洪说:"每一条河流都有自己不同的生命曲线,但是每一条河流都有自己的梦想,那就是在转弯处奔向大海。我们的生命有的时候是泥沙,你可能慢慢地就会像泥沙一样沉淀下去了,一旦你沉淀下去了,也许你不用再为了前进而努力了,但是你却永远也见不到阳光了。"

梦想经不起等待,尤其不能以实现另外一个条件为前提。当我们拥有梦想并且可以为之努力的时候,就要拿出勇气和行动来,穿过岁月的迷雾,让生命展现出别样的色彩。梦想不在于有多遥远,而在于我们是否为了它的实现而去努力行动。

即使没有充分的准备,即使没有学到足够的知识,即使尚未拥有瞄准目标的技巧和能力,依然可以扣动扳机,开枪射击到目标!

1973年的秋季,美国哈佛大学如每一年一样,迎来了又一批新生。这次来报道的有两个男孩,他们都是计算机系的,其中一个叫科莱特。整个大一学年,两个男孩经常坐在一起听课,听默尔斯博士为他们打开Bit系统的大门,认真刻苦地学习。

一年过后,另一个男孩建议科莱特和他一起退学。因为新编教科书中已经解决了进位制路径转换的问题,32Bit软件完全可以有人去开发。

而科莱特严谨而保守的性格让他对于这个建议感到非常惊讶,他认真地回绝了那个男孩的邀请,告诉他自己很珍视这里的求学环境,并不想随便闹着玩;更何况,要想开发需要大学全部课程知识的32Bit软件,对于刚刚学习了一点皮毛的他们来讲，根本是不可能的。

几年后，科莱特成了哈佛大学计算机系的硕士研究生；而那个退学的男孩进入了美国《福布斯》杂志亿万富豪排行榜。

1992 年，科莱特继续攻读，拿到博士学位；那个退学的男孩一跃成为了美国第二富豪。

1995 年，科莱特认为自己已具备了足够的学识，可以研究和开发 32Bit 软件了；而那个男孩已经开发出比 Bit 快 1500 倍的 Eip 软件，并在这一年成为世界首富。

这个当初在大二就退学追梦的男孩，就是比尔·盖茨。

科莱特认为，要等学到了足够的知识后，才有能力去追逐梦想，并用这个理由拖延了成功。而比尔·盖茨则没有按照常规的思维，在即使没有准备得十分充分的情况下，毅然追逐梦想，从而早早地实现了自己的目标。

在人生的战场上，兵法是平面的，规则是死板的。唯一的"规则"就是没有规则：在实战中开枪猎寻，直至让目标得以实现。

梦想经不起等待，人生不同的阶段会有不同的历练和想法。如果等到所有的条件都成熟后再去行动，那么我们也许得到的就是永远的等待。梦想是人生的翅膀，插上了，才能够远翔。对于那些不满足于现状、不断寻求超越的人来说，想要在更广阔的天空中自由搏击，就需要更多的胆量和勇气，从梦开始的时刻，就要有声有色地追逐，在追寻中去体会梦想的情趣，从而成就自己的人生，在追逐中实现自己的梦想！

成方圆的出身是一名专业的二胡演奏员。17 岁考入中国中央音乐学院，毕业后在中央乐团演奏。

可是，成方圆却感觉更能表达自己艺术感悟的是流行音乐表演。于是她把大量的时间和精力转入了流行歌曲的学习中，并刻苦自学英文，发展她独具风格的"英文歌曲路线"。

都说机会是留给有准备的人的，所以当老一辈歌唱家李谷一因病不能录制歌曲的时候，成方圆的机会就来了。1994年，戎方圆成功举办了个人独唱音乐会《蓝色风情》，在保利大厦连唱三天。这无疑把她的演唱事业推向了一个新的高峰。1998年，她主演并制作了《音乐之声》，成功地在中国舞台上再现了美国音乐剧。

作为中国流行音乐的标志性人物，成方圆已经在舞台上活跃了二十多年。很多和她同期的歌手都已经隐退，而成方圆却从有梦想的那一天开始，就不断追求，不断探索，成长为一个真正的艺术家。

现在的她又开始迷恋摄影，几年来，积累下大量精美的摄影作品，并打算出一本影集。

时光易逝，梦想常在。一个人要往前走，就一定要找到我们所相信的梦想。不用迟疑，不用三思而后行。把梦想变成现实其实很简单，不需要过多复杂的构思，只要从梦想产生的那一时刻拔腿就追，最终都会翱翔在自己所向往的天空。这是一个鼓励做梦的时代，更是一个需要行动的时代。

生命没有彩排

"真的，生命没有彩排，每一天都是现场直播。"这是少年作家吴子尤的母亲柳红女士在儿子云世后在《生命的礼赞》栏目中所说的最后一句话。

的确，人生每天都是现场直播，没有排练的机会，也没有谁能一直站在原地等着我们。珍惜现在一切的拥有，迈好眼下的每一步，勇敢并谨慎于每一个开始，及时抓住能把握住的美好，生活才会无怨无悔。

吴子尤，一位才华横溢的少年作家，与李敖成为忘年之交，然而却在小小年纪横遭厄运，但直到生命的最后时刻，他依然如前，一直笑对人生。

2004年，他因为胸腔纵膈肿瘤压迫神经住院治疗，手术后不幸失去了造血功能。从此，14岁的子尤开始了一场与病魔的持久战，经历了一次大手术、两次胸穿、三次骨穿、四次化疗、五次转院、六次病危，却以超乎常人的乐观度过着自己的花样年华。在2005年9月，一本记录他八岁到十五岁成长过程的作品集《谁的青春有我狂》出版。

"青春是属于我的，标记着我激情的一月一年。人说青春是红波浪，那就翻滚着绘出最美的一线。眼前只有柄孤独的桨，握在手中就是把战斗的剑。我在这里写着刚有开头的小说，每过完一天就翻过一页；每翻过一页，又是新的一天。为什么我依然热爱考验？因为别人让天空主宰自己的颜色，我用自己的颜色画天。"

终究，写下上面这首如歌诗句的作者，于2006年10月22日去世。

事隔许久，子尤的母亲柳红女士在电视栏目《生命的礼赞》中被邀为嘉宾。其间，她朗诵了这样的一篇文章：《珍惜生命》。

"那是2005年8月的最后一天，在北京大学百年讲堂的开学典礼上，子尤从轮椅上起身，向他所在的中学校友讲了一番话。结尾时，他用力而深情地说：'要珍惜呀。'我知道他说的是珍惜生命的意思。那时候我们在生死线上，可是他依然有他的追求和向往，兴致勃勃地走在他自己的道路上。他对我说，我每一秒钟都和上一秒钟不一样；他总结自己的生活是一路快乐美好。他说，是舒服，是享受；他还说，我活得欣喜若狂。

"我和子尤经历疾病和死亡的日子是一个理解和实践珍惜生命的过程，我们懂得了珍惜生命就要珍惜生命的价值，尽其所能做有意义的事情。有意义的事儿，可大可小，可多可少。做，一定比不做好；多做，一定比少做好；今天做，一定比明天做好；持久地做，一定比半途而废好。

"我们通常认为，人生如台历，撕去旧页，新页展开；每天如彩排，今天过去，还有明天；一遍不满意，可以再来。其实昨天已成为过去，明天尚且未知；当下稍纵即逝，不复重来。如果把每一天都当作生命的末日来过，我们会更加珍惜更有意义的人生。

"而什么是有意义的人生呢？这真是需要我们沉下心来好好想一想的问题。人们常常忽视自己的内心、身体、亲人和孩子的想法，不注意春夏秋冬花开草长，不注意音乐旋律的升降变化。特殊的人生际遇使我有机会接触了很多癌症患者，每一位走近生命尽头的人，都想再看一次星星，再凝视一次海洋。而多少住在海边附近的人，他们却懒得看一眼。每天晚上有多少人会仰望星空？谁又真正用心去品尝，触摸生命，去感受平凡事物中的不平凡？

"以前我也浑然无知、不假思索，直到变故降临，彻底改变了我的生活，才开始思索。我从中学到了很多很多，我学会了享受过程，而不是结果。我愿意告诉人们，看看田野里的百合花，摸摸婴儿耳朵上的绒毛，在庭院的阳光下阅读，与朋友分享你的喜怒哀乐。真的，人生没有彩排，每一天都是现场直播。"

的确，人生每天都是现场直播，没有排练的机会，也没有谁能一直站在原地等着我们。就如台湾作家林清玄的散文中所讲："生命最有趣的部分，正是它没有剧本，没有彩排，不能重来。"人生而偶然，死亦必然。我们登上生命的舞台，与自己的肉体相逢于人间，这便是一种缘分。没有那么多的"如果"，这一次过去了，下一次也就不一定会有。就像世界著名艺术家们每一次上台都如履薄冰，努力练习，务求在观众面前呈现的是最完美的一面。那是因为他们深知，每一场演出都是全新的一次，也是关键，甚至是唯一的一次。

如此，我们便要有抓住这一次的决心，以及无怨无悔的气魄。既然人生没有剧本，也不许彩排，那么我们就更要及时抓住当下所能把握住的美好，谨慎前行，不踏歧路，珍惜我们每一个开始，迈好脚下的每一脚步。

青春不再重来，爱亦不会重来，生命更是没有重新来过的机会。眼前有的景，我们要去看；手头有的福，我们要去享。生活中有很多简单中的平淡，如水扬清波，如风过疏林，但每一个却都是心头的日子，潜着香，藏着甜，是我们自己真正活过的一天。

给自己开一扇希望的窗

"怯懦囚禁人的灵魂，希望才可感受自由。"这是电影《肖申克的救赎》里主人公安迪所说的一句话。

当我们面临人生困境的时候，是绝望还是希望？就像那句话："你不必害怕沉沦与堕落，只消你能不断自拔与更新。"而这种更新的基础，就是内心永远憧憬着未来的希望。它像一扇窗，让我们不再受制于紧紧包裹着的世界，倾听内心的世界，感受自由，体味轻舞飞扬的人生。

影片中，安迪在高墙里和瑞德聊天："我希望去墨西哥的一个小岛；我希望去太平洋，用墨西哥语言说，那里叫作'失去记忆的地方'；我希望有一个小旅馆；我希望有几只废弃的小船，然后自己动手把它修好，带着我的客人去海上钓鱼……"

而这里的高墙就是横阻于灰暗的囚禁和纯净的自由之间的一扇屏障，是肖申克监狱的界限。更多的，它是囚禁人们心灵的枷锁。

安迪就是要在这所监狱里残度余生的囚犯。在1947年的美国，缅因州的一位年轻的银行家安迪被指控枪杀了妻子和她的情夫，因此被判终身监禁，从此开始了在肖申克监狱里的生活。安迪并没有杀人，但在监狱里的每个人都声称自己是"被冤枉的"，因此他的无辜显得是那么苍白可笑。

肖申克监狱里还有另一名罪犯，是那里的"权威人物"，因谋杀罪被判终身监禁，已服刑20年，但数次假释都未获批准，他叫瑞德。之所以"权威"，是因为瑞德可以为囚犯们弄来香烟、糖果、酒，甚至是大麻。瑞德答应安迪帮他弄到了一把岩石锤，让他雕刻石头来消磨监狱里的时光。

而安迪面对残酷的现实，在20年的时间里，利用这把小小的岩石锤挖通了牢墙。终于，在一个风雨交加的夜晚，安迪爬过500码的下水道，逃出生天。

获得自由的安迪揭发了典狱长的恶行，并且利用典狱长贪污受贿的钱在太平洋买了座小岛。后来，瑞德获得假释。在一个阳光明媚的天气里，两位老友终于在太平洋上那座自由的小岛上重逢。

不管经过多长时间，不管经历过怎样的困局，安迪的希望最终都实现了。因为，他一直在默默体会着自己的内心，从而确定了那个始终如一的目标。那么，他所要做的事情便显得越来越简单明了——懂得坚持的重要，明白希望的含义。一个单纯的希望便让安迪有了"忙着去活"的充足动力，对生活充满信心，感受生命的美好。

诚然，生活中有太多的东西是不以人的意志为转移的，也有很多时候是令我们失望的。也许，我们做着自己并不喜欢的工作，我们一直没有缘分和自己相爱的人在一起，就连每年过生日或除夕零点时许下的愿望也都不一定能实现。太多的希望都只是在人们双手合十中跳跃，却从来没能进入过我们的生活。

然而，那长存于我们每个人心中的自由和希望，是如此迫切地需要救赎。这就如同需要一个公正的上帝，通过安迪，来安慰和拯救更多的灵魂。

在囚犯们外出劳动时，安迪争取了警卫队长的信任，通过自己的会计专长为大家赢得了两箱冰镇啤酒。囚犯们兴高采烈地喝着久违的啤酒，而安迪只是坐在一旁微笑着注视这一切。

就连瑞德都说，那一刻："我们坐在春光下喝着啤酒，像自由人在修理自家的屋顶一样，我们是万物之主。"

其实，安迪冒着生命危险想要赢取的，绝非这区区两箱啤酒。他从来不曾放弃的是他自己和其他囚犯自由的感觉，哪怕这种希望只有一点点。

从这个细节我们不难看出，尽管自己身陷冤狱，尽管自由已经被剥夺殆尽，但是安迪却从未丧失信心，一直对未来充满希望。影片中说："有一种鸟是永远也关不住的，因为它的每片羽翼上都沾满了自由的光辉。"

安迪第二次做出惊人的举动是在播音室里，他通过高音喇叭向囚犯们播放了歌剧《费加罗的婚礼》，让整个肖申克监狱都为之震撼。也许他们"听不懂意大利女士唱的是什么，也根本没想听懂，因为有些东西无须言语来表达"，但是，音乐却从麦克风中穿透出去，华美的女高音带着空灵的自由在高墙内飞翔，那一张张曾经写满过罪恶的囚犯们的面孔，还有平日里穷凶极恶的狱警们的面孔，都在这一刻变得虔诚而高贵，听着这涤荡灵魂的天籁之音。

这音乐让"每一个人都相信，那是世界上最美好的事物，美得无法用语言描绘，美得让人心痛。歌声高亢悠扬，超越了囚犯们的梦想，就像一只美丽的小鸟飞进了高墙，使他们忘记了铁栏的束缚。此时此刻，肖申克里的所有人都感受到了自由"。

在最易磨灭希望的监狱里，安迪用这些方式提醒着自己和身边的人们：这世上还有无法用高墙铁栏围起的地方，这是任何人都无法随意触摸的，这便是存于每一个人心底的希望！只要有希望，一切就都有可能。

六年里，安迪每周给州长写一封信，希望得到捐助扩建图书馆。开始人人都说不可能，但他最终建成了全美最大的监狱图书馆，让囚犯们享受着音乐的洗礼，接触到外界的知识。在辅导年轻囚犯考取高中文凭时，安迪将对方揉烂的试卷从废纸篓中拾起，寄出，最终使对方获得了文凭认证。

人们总是在尚未开始之前就事先揣度着事情的难度，从而判定它"不可能实现"。这是一种心理惯性，是人们自觉不自觉地用自己编排好的"复杂"局面来混淆视听的一种借口。然而，安迪只用了20年，就把在别人看来需要600年的牢墙挖穿了；忍着熏天的臭气，爬行了在别人看起来不可思议的500码距离——当他站在瓢泼的雨中张开双臂，享受着向往已久的自由时，我们从这个自由者的身上，只体会到一种深刻的力量——希望！

影片教会我们一句话——希望让人自由。其实，希望是一个极其简单的物象，它让我们笃定地相信没有什么事情是不可能实现的。在纯粹而直白的心灵中，默念着希望这个词语，心灵的衣襟便会生出许多荡漾。依赖着希望，我们每一个人的小小快乐便能如此骄傲，并绵延不绝。

第四章
简单是一种心态清零的思考方式

　　我们的世界原本简单，它是从红黄蓝三种原色出发，编织出一个五彩缤纷的世界。人的形成也是从简单开始，即从一个受精卵，经过十个月的孕育长大成人。

　　养成这样一种思考方式，我们便不会被物质奴役，便能保持精神的自由。我们本来就是一无所有，生没有带来什么，死亦不可能带走什么，那么，便不会有所有的不够吃、不够穿、不够漂亮、不够优秀、不够快乐和不够幸福。一切归零之后，便了无牵挂、轻装上阵。

体会不到快乐是因为想拥有太多

　　宋代词人辛弃疾有一句名言："物无美恶，过则为灾。"拥有，本该是一种原始而简单的快乐。但拥有的过多了，就会失去最初的欢喜，变得患得患失。

佛祖说，满足不在于多加柴草，而在于减少火苗；不在于积累财富，而在于减少欲念。只有抱着随时清零的心理状态，才会有情趣去欣赏世界可爱的一面，体会到他人的人情道义和善良，才能有机会感受到真正的快乐。

据说，蜈蚣在最初被造时并没有脚，但它仍可以爬得和蛇一样快。

有一天，它看到羚羊、豹子和其他有脚的动物都跑得比自己快，心里非常不高兴，便自我安慰似的念叨着："哼！有那么多的脚，当然跑得快了。"

于是，蜈蚣向造物主祷告说："造物主啊，我希望拥有比其他动物更多的脚。"

没想到，蜈蚣的这一请求不久后便真的实现了。造物主把许多只脚放在蜈蚣面前，任凭它自由取用。

蜈蚣迫不及待地拿起这些脚，不停地往自己身上贴，从头一直贴到尾，直到再也没有空间了，它才依依不舍地停止。蜈蚣心满意足地看着满身是脚的自己，暗暗窃喜："现在，我可以像箭一样飞出去了！"

然而，等它想要迈开脚步"狂奔"时，蜈蚣才发现自己完全无法控制这些脚。每一只脚都"各行其道"，要想让它们保持一致，蜈蚣必须要以百倍的精力去关注，才能使一大堆脚不致互相羁绊而顺利地往前走。这样一来，它走得反而比以前更慢了，而且还累得气喘吁吁。

过多的欲望也许从短期的表面上来看，的确得到了一些；但事实上，从长远的发展看，最终得到的都不会很多。想来，人之所以活得疲累，不是因为使之快乐的条件还没有攒齐，而是想要拥有的东西太多，从而成为痛苦的奴隶。

为什么孩子们总是快乐的？因为他们的要求单一而纯粹，没有更多的"附加值"。对于一个喜欢零食的孩子来说，一座金山也不如一包糖果能令他快乐；对于一个喜欢在野外玩耍的孩子而言，一团可以变幻出各种玩具的黏土胜过满屋子的高级玩具。

快乐其实很简单，生活原本也没有那么多的烦恼。想想自己童年时是多么容易快乐，就会明白幸福的源泉在哪里了。

西方有一句著名的话，生命如同一段旅程。在这段旅程中，每个人都背着一个空行囊向前行走。一路上，人们会捡拾到很多东西：地位、权力、财富、友谊、爱情、责任、事业……不断捡拾，于是行囊便渐渐被装满。然后，背负太多，沉重得让前进的阻力越来越大，迈步的表情越来越痛苦，快乐也就渐渐地消失了。

人生而无物，本来就该怀着满足，但当被给予了其一后，自然而然就想拥有其二。如此发展到最后，就形成了一种可怕的贪欲：只要自己没有的，就是好的，就一定想要。当欲望之火被点燃后，烦恼就来敲击心门了；当贪求更多时，痛苦便来缠身了。

从前，有一个百万富翁，在他的隔壁，住着一对磨豆腐的小两口。曾有谚语说，人生三大苦，打铁撑船磨豆腐。但磨豆腐的小夫妇却乐在其中，一天到晚歌声笑声，传到百万富翁的家里。

百万富翁的夫人一时间便感到失落万分，对丈夫说："我们有这么多钱，怎么还不如隔壁家磨豆腐的小两口快乐呢？"

百万富翁说："这有什么，我让他们明天就笑不出来。"

当天晚上，百万富翁隔着墙扔了一锭金元宝。第二天，磨豆腐的家里果然就鸦雀无声了。

原来，夫妇俩正在合计呢！他们捡到了"天下掉下来"的金元宝后，对着这"飞来之财"便想，磨豆腐这种又苦又累的活儿以后是不能再做了。可是，如果做生意，赔了怎么办？不做生意？总有坐吃山空的一天。丈夫心里还想，生意要是做大了，是该讨房小媳妇，还是该休了现在这个黄脸婆？妻子则在琢磨，早知道能坐等发财，当初就不该嫁给这磨豆腐的。

一寻思二琢磨，之前快乐的小两口现在谁也没有心思说笑了，烦恼已经占据了他们的内心。更令小两口痛苦的是：下一个金元宝会什么时候"掉"下来呢？这样，想买什么就能买什么了。

当我们苦恼的时候，应该想想，实际上是因为我们拥有了太多的东西，这样便能释怀。难道不是吗？想一想，这样的现象在生活中应该不难见到：填饱肚子又求珍馐，娶了娇妻又求美妾，有了房舍又求华厦，谋得一职又求升官，得到千钱又求万金……宝贵的一生就在不断追求"拥有"中苦恼地度过。

最朴素的道理告诉我们：有用比拥有更有价值。就像在行驶的火车上掉了一只新鞋的甘地，在众人皆惋惜的时候，把另一只鞋子也扔到了窗外。甘地的解释是："这一只鞋无论多么昂贵，对我而言已经没有用了；如果有谁能捡到一双鞋子，说不定他还能穿呢！"这看似的"失去"何尝不是另一种拥有？甘地从中得到的内心快乐，又岂是用物质可以兑换的呢？

所谓拥"有"，是有限有量；所谓空"无"，是无穷无尽。如能以"有用"的胸怀来顺应真理，以"有用"的财富顺应人间，让"因缘有""共同有"来取代私有的狭隘，让"惜福有""感恩有"来消除占有的偏执，如此，心灵的源泉便不会枯竭，快乐便汩汩而流。

外表简单一点，内涵就会更丰富一些；需求简单一点，心灵就会更宁静一些；环境简单一点，空间就会更广阔一些。人们既然能找个理由难过，就一定能找到方法快乐。也许，获取快乐最好的方法就是，珍视此时所拥有的，遗忘不属于自己的。

清空心灵的回收站

众所周知，电脑系统中专门配置了"回收站"，用来收集那些已删除的垃圾文件。连接网络的电脑每天都会产生成百上千兆的垃圾信息，必须定期清空，否则就会影响到机子的运行速度。

而在每一个人的心灵深处，也都有一个"回收站"，同样被装载了很多"垃圾信息"。只有定期清空，才不至于让这些"垃圾"填满心灵、危害身心，进而吞噬灵魂。"CPU"的回收站清空了，才会使整个身心系统运行畅快，空间旷达而明丽。

一个年纪轻轻的男子事业初成，被所有人赞誉为"进取向上"。可他自己却感到生活越来越沉重，心脏的负荷越来越大。于是，他便千里迢迢来见智者，寻求解脱之法。

智者给男子一个篓子，让他背在肩上，并指着一条沙砾路说："沿着这条路，你每走一步就捡一块石头放进去。回来后告诉我有什么感觉。"

过了一会儿，男子走到了头，对智者说："我每走一步就觉得后背的分量又重了一点，这使得我不得不把腰又往下弯了一截，胸又往里含了一些，所以感到心脏越来越憋得慌。"

智者笑笑，对年轻男子说："其实，你自己已经回答了你为什么感觉生活越来越沉重的原因。当我们来到这个世界上时，每个人都背着一个空篓子。随后，我们每走一步都要从生命的旅途中捡一样东西放进去，所以才有了越来越累的感觉。"

为什么现在的人们都会感到活得是那么疲累,甚至发出"快要崩溃"的呐喊?想来,就像这个年轻男子一样,在不断"追求"和"进取"的过程中,遭遇困境、嫉妒、争夺,由此产生了许多"成功"的"附属品":抱怨、怀疑、消极……它们像垃圾一样,被丢到每一个人心灵深处的某个角落。

生活的压力、工作的竞争的确会让人经常处于紧张状态,夜深人静,当我们审视自己内心的时候,不得不承认,我们心灵的回收站里已经装载了太多的"垃圾信息"。所有的欲望汇聚成一片汪洋,我们的心灵便在其中载沉载浮,无法自拔。如此,我们生活的"系统"怎能不被痛苦和焦虑的"病毒"攻击至瘫痪呢?

或许,我们也会逐渐意识到一些陈芝麻烂谷子的过期"文件"对自己是个祸害,所以就把它们归放在心底某一角落的"回收站",搁置不理。以为这样就已经把它们丢到了脑后,为心灵腾出了空间。

然而,很多人都会有这样的体会:每隔一段时间,无名的抑郁与困扰总会萦绕于心,产生一种说不出的烦躁和焦虑。要知道,冰冻三尺,非一日之寒。种种不良的情绪并非单单由某件事情一时引起的,而是由很多愁思长时间堆积而成的。

有时候,一件突发的事情并不至于令我们怒发冲冠、暴跳如雷,其实,在这件突发事情之前,已经有许多不快积压于心,这便成了定时炸弹,一触即发。每个人都不想把事态弄得如此复杂,更不想让自己如此没有风度,但沉默的火山一旦爆发,便一发而不可收拾。

这就如同生活中的垃圾,如果每天下楼时不顺手带下去的话,房间就无法保持干净整洁,空气也就不再清新。更可怕的是,它们会时常跳蹿出来,重新浮现在我们脑海之中,让我们如牛反刍,流汤化脓,腐蚀着心灵。

她生性怀旧,细腻而敏感,总喜欢收藏生活中的点点滴滴。结果泥沙俱下,日积月累,从第一根杂草到丛生的荒芜,以至于艰于呼吸,难于视听，颇有不堪重负的感觉。

每当此时，亲朋好友便总会开导她，不能让自己总纠缠在昨天的回忆中，应该走出并清空心灵的阴影，去涉足那清新奔流的小溪，活出一份新鲜与明丽。

后来她发现，当一个人真能清除烦恼和痛苦，记住快乐和幸福时，便会突然感到原来人可以活得这样轻松、这样自在、这样潇洒；生命的美丽和精彩是那样简单而朴素。

当我们乘上时代快车的那一刻开始，就注定了要面临机遇与竞争压力并存的局面。在人生取得一个又一个"辉煌"的同时，倦怠而失意的情绪也接踵而至。孤独寂寞、憋闷疲惫，如果所有这些负面情绪不能得到及时有效地发泄与排解，日积月累，就有可能导致"死机"，甚至"系统崩溃"。

当然，我们完全可以把经验、关怀、友谊、爱情等都存放在心灵中"我的文档"里，但同时也要懂得"清空"。敢于清空是一种智慧：清空个人的恩怨，可以获得平和的心态和融洽的人际关系；清空伤害带来的阴影，可以摆脱恐惧和烦恼的纠缠；清空曾经成功的沾沾自喜，可以永远保持进取的姿态。只有让心灵"回收站"里保持清爽，我们才会轻松和洁净，才会不为世事所累，不让名利缠身。

因此，时常用个人独有的"优化大师"清理一下"信息垃圾"，对心灵的回收站做一次彻底的清空，无疑是让我们心理扩容的最好方法。这个"优化大师"，可以是我的"平常心"，也可以是你的"归零欲"，亦可以是他的"空杯态"。只要能让整个身心系统运行畅快、旷达而明丽的，就是属于你自己最好的优化工具和优化频率。

如此，心灵便能重新拥有本来的空间，去容纳一些快乐的事情，让我们有更多的精力和更新鲜的活力去做好分内的事情。

及时刹车才能更快起步

有位哲人曾经说："当我们正在为生活疲于奔命的时候，生活已经离我们而去。"匆忙的人生列车不可能一直都奔跑下去，只有在中途刹车停下来，适时补充给养，才能更有动力地朝着下一阶段的目标前进。

衡量一辆车的等级优劣，最重要的条件之一就是看它的制动系统。所谓"制动"，有"制"才有动。如同在漫长的人生旅途中，只有懂得并擅于"刹车"的人，才有最大的可能实现长远的目标。

几年前，他的电脑里新装了一款游戏"极品飞车"。真实的场景、方便的操作，玩起来很是上手。尤其是极速行驶时，车"飞"起来的刺激更是让他沉迷。

玩游戏时，他不断加速、加速，两旁的建筑物飞似的后退，他完全沉浸于飞驰的刺激当中。不好，前方突然有个急弯，由于车速太快而来不及转弯，车撞上了路旁的建筑。在他调整车身时，后边的车手从身边疾驰而过，瞬间便消失了踪影。所以，他虽然极喜欢这款游戏，却一直没有获得过游戏中的名次——在享受疾驰乐趣的时候因为突然出现的急弯使车倾翻，浪费了时间，使他远远地落在最后。

他的舍友也玩飞车，同样的弯道，舍友却能自如地穿过。

问及原因，舍友很不在意地说："你刹车啊。"

的确，如此简单的一个道理，他却需要别人的提醒：刹车减速不就可以很容易地转过那个急弯了吗？转过弯后再加速，没有了调整车身的麻烦，不知节省了多少时间。如此，跑第一也就没那么难了。

几乎在所有驾车教练的口中，刹车都是最基本、最简单，但也是最重要的原则。开快车的感觉的确会很刺激，但关键是提速之后的处理：怎样保证在最紧急的时候能够刹住车？更进一步来说，我们如何保证不会失控？

想要跑得快，首先要学会能够及时地停车，才不用担心因为车速过高而出现车毁人亡的后果，才可以放开手脚地去奔驰。开车时，一个懂得随时准备好刹车的人才算得上是一名好司机。如果当看到危险后才开始刹车，往往为时已晚。这就像热播过的电视连续剧《奋斗》中，徐志森教陆涛开车的场景。

徐志森对陆涛说："你只要记得，遇到状况，就踩刹车。"

当陆涛终于把车撞上路牌的时候，徐志森淡定地说："你看到了吧，不刹车就会失控，而失控是最坏的情况，因为没有人知道失控后会发生什么。"

在跑长途路时，老司机都知道有这样一个重要法则：要不定期地踩一脚刹车，一是为了防止车速过快而来不及处理紧急情况，另一方面，也是为了时刻把握刹车的灵性。也就是说，一味地加速再加速，是要担负着最终让刹车失灵的极大风险。而在平日的行驶中，也要适时地停下来看一看车子的各个部件是否完好，性能是否优良；除此之外，还要定期给车子清洗、保养、抛光、打蜡等，以延长车子的寿命。

从某种意义上来讲，人和车一样，也是一台机器。长时间不停地奔跑，对于车来说会出现抛锚的损害，而对于人，也许后果就会更加严重。在现实生活中，工作、应酬、发财、名利……为了实现一个又一个的目标，满足一个又一个的欲望，我们每天都在这条"人生"的道路上匆忙地奔跑着，从未停止过，身心疲惫，伤痕累累，我们这台机器也有倦怠、抛锚的时候，也需要我们能够及时"刹车"，抖落尘埃，修复创伤，恢复元气，看看前方的路是否能继续走得通。

在行车中，学会刹车犹如在生活中学会自控，行车失控犹如行为失控、感情失控、精神失控，都会给我们带来很大的祸患。学会刹车，才能安心上路；学会自控，才能安心生活。而这种自控便是一种懂得停止归零，从而重新起步加速的艺术。

现在，请暂停五分钟

前中国国家女子排球队主教练陈忠和说过："在球场上，碰到传手不稳、守备疏忽的情况，我就会叫暂停，以求安定军心，鼓舞士气；遇到阵脚混乱，频频失分时，我也要叫暂停，为的是指导战略，稳定情绪。"

在人生的战场上，如果我们节节挫败、感到力不从心的时候，也不妨叫一次暂停！让自己享受可贵的宁静，整理杂乱的思维，重新计划。这是一种技巧，一种缓冲，在给我们带来休整的同时，也重拾欣赏的眼光，以便更好地前进。这短暂的停息在漫长的人生中简直是一刹那，却可能让我们扭转颓废，重整旗鼓，再度出击。

很多时候，我们总是不甘落后、不甘平庸，总在更新着理想，更新着目标。不断更新的理想和来不及实现的现实间总有一段距离，这让我们觉得落后和恐慌，让我们一刻也无法放松。我们总生活在理想中的未来，而非现在，所以，只有奋力地奔跑、再奋力地追赶。

原来，我们很少想到自己已经拥有的，却常常看到尚未得到的，于是，没有的就成了理想——我们的理想就是这样被制造出来的。因为有理想，所以必须不断追赶；因为有理想，所以对现在总是不满；因为有理想，所以把现在过得很不理想。

丽红从参加工作后，就一直是个"拼命三郎"：在杂志社做编辑时，因为大出血而住院。可就在卧床休息的二十天里，她仍然在床上不分昼夜地赶稿子。后来在某集团工作时，因为太多的加班熬夜，竟然在副总裁面前汇报工作时当场"失声"。外派工作时，她白天走访市场，晚上熬夜赶写报告，竟然在周一早晨给员工训话时晕倒在众人面前。她要处理太多的突发事件、公关事件，时时应酬，顿顿喝酒，最后竟喝到不能起床，喝到阑尾炎发作还没有时间去做手术。丽红就像在跑步机上行走的人，从来不曾停歇过，总是脚步匆匆、马不停蹄。

终于有一天，生命的传送带还在继续运转，而前进的齿轮却坏了——她彻底崩溃了——同时，也终于有机会停了下来。

在长时间休养的日子里，丽红发现，她离开了原杂志社，杂志社照样存在；离开了原集团公司，公司照样在赚钱；离开了那些老下级，他们也各自活得很精彩。现在，就只剩下她自己，没有把自己照顾好，成了朋友关注、家人揪心的对象。

于是，她拿出封存了十几年的私人日记本，写下了这样的话：

"是的，我该停一停了，把背上的包袱放一放，好好地喘一口气。把急行军的步伐放缓一下，去呼吸一下负氧离子，看一看风景。让世上的纷纷扰扰暂时归于平静安宁，让惊乱繁杂的生活从今天开始归于简单平淡……我终于明白，人生的遥控器其实就掌握在自己的手中，在我40岁时，把'人生遥控器'果断地中止了快进键，按下了暂停键。"

我们应该辩证地看到，忙碌有时候的确是一种幸福，只要能清醒地知道忙碌的意义；清闲有时候也是一种境界，只要不会为此而麻木。生活中有太多的波折，当我们在遇到挫折时，何必要选择"重启"呢？按下"暂停"键，思考一下，也许问题就会迎刃而解。

暂停不是原地踏步、得过且过，而是坐下沉思，反省自身；暂停也并非停滞不前、坐以待毙，而是调整方向，重新计划；暂停亦不是精神颓靡、自暴自弃，而是一种蓄势待发，广采众家精华，再起斗志。

也许，在我们过去平凡的生活中，还没有触摸到生命的本质。如若有一天，当生命最真实的状态展现在眼前时，我们就有可能得到新的领悟。

杰克已经是一位功成名就的商人了，但他仍想扩展商业版图，把生意做到地球的另一边。

就在前往西岸的考察途中，他和同事一行十数人突遇灾祸，被困在太平洋中。他们毫无希望地在大海中漂流了长达一个月之久，最后竟奇迹般地获救。

回来后，杰克好像变了一个人：缩小了自己的贸易公司，开办起一家养老院，每天和老人在太阳底下喝咖啡、聊天、唱歌、下棋，笑声不断。

周围人都惊讶于杰克如此巨大的改变，当被问及原因时，他回答说："自从那次海上遇难后，我学到了人生中最重要的一课，那就是：如果你有足够的新鲜水源可以喝，有足够的食物可以吃，就绝不要再奢求任何事情。"

的确，我们其实已经拥有了很多，却仍然在不断追赶着自己所欠缺的，所以，得到越多就越发停不下来，向前追逐的路永无尽头。这时我们就需要一种暂停的勇气，不仅让身体得到休息，更重要的是让心灵得以卸载。

人生就像一场旅行，沿途的风景以及看风景的心情远胜于目的地的到达。在人生的旅途上，别忘了暂时停下来驻足片刻，欣赏一下路边绽放的美丽。生活的意义不在于忙碌后的结果，而在于实现梦想的过程。在努力打拼的同时，别忘了学会随时暂停，学会享受生活。或许，幸福的生活正在后面奋力地追赶着我们，只要暂时停一停，它自然就会与我们会合。

这一刻,降低你的期望值

关于幸福感,经济学上有个简单而有意思的公式:幸福=效率/期望值。

显而易见,商值的提高无非两种途径:增大分母,降低分子。首先,提高效率,究竟是能增加幸福感还是会使人变得更加紧张焦虑,这尚且处于争议之中;且这是个并非短时间内就能有所改善的"技术活",所以我们在此就不予讨论了。

那么,降低期望值显得就是一个更为现实而有效的方法。因为,它仅仅涉及一个心态调整的过程,只要不奢求过多,可接受的范围就将扩充不少。

心理学对"期望值"有着这样两方面的定义:

期望值是指人们对自己的行为和努力能否导致所企求之结果的主观估计,即根据个体经验判断实现其目标可能性的大小。

期望值是指社会大众对处在某一社会地位、角色的个人或阶层所应当具有的道德水准和人生观、价值观的全部内涵的一种主观愿望。

同时,针对很多的烦恼,心理学家认为可以遵循以下一些方法去行事:

当期望值无法得到满足的时候,最有效也是最简便的一个技巧就是,降低你的期望值。通过提问,认真倾听自己内心最真实的声音,从而准确地掌握期望值中最为重要的部分,然后对其进行有效的排序。

由此可以看出,期望值这个底盘越大,幸福感的塔顶便越尖细——无论这种期望是对物质,还是精神。

在现实生活中,人们总是不断地设置一个又一个的期望"高地",然后一个又一个地去攻克、去占领，以为这样便可以得到幸福。殊不知，习惯了不断提高期望值的思维后，当我们费尽心机地实现了这个目标，消除了一个烦恼后，很快，便又会产生新的、没有实现的目标，继而又会为此烦恼。如此反复，永无尽头。

从那个关于幸福的经济学公式来看，一个人体会幸福的感觉不仅与现实有关，还与自己的期望值紧密相连。如果期望值大于现实值，人们就会失望；反之，就会快乐。在同样的现实面前，由于期望值不一样，我们的心情和体会就会产生差异。

往往，一些过高的期望其实并不能给我们带来快乐，却反而一直左右着我们的生活：不满足于"蜗居"的现状，在寸土寸金的房地产时代为了一套宽敞豪华的寓所而拼命至死；身边有一个爱你的人还不够，非要在大千世界里苦苦追求那个你爱的人，才算是拥有了完美的婚姻；孩子择校时，区重点不行，非要享受到全市最好的教育，才有可能成为最有出息的人；努力工作以争取更高的社会地位和金钱，这样才能买高档商品，穿名贵皮革，跟上流行的大潮，永不落伍……如此如此。

可是，富裕奢华的生活是需要付出巨大代价的，而且并不能带给人相应的幸福感。如果我们降低对物质的需求，改变这种奢华的生活目标，就将会节省出更多的时间来充实自己。轻闲的生活会让人更加自信而果敢，懂得珍视人与人之间的情感，以提高生活质量。幸福、快乐、轻松就是简单生活追求的目标，这样的生活才更能让人体味到"原生态"的甘醇。

由此可以说，当我们对生活感到失望时，几乎都是因为对经历过的事情抱有太高的期望。我们把生活想象得应该是以某种特定的方式呈现，但凡和事先预想的不一样，就会感到沮丧万分。

其实，如果仔细回想一下曾经走过的路便不难发现，在自己整个的生命历程中，至少某些部分是合乎我们所期许的。人只有在不同条件、不同阶段中随时调整自己的目标、心态和期望，才不至于被生活所奴役。当我们试着把期望值降低时，即使事情最后没有达到预期的效果，也不会因此太过失望。

经历过生死的人往往都懂得惜福：

"非典"时期，很多人都写下"能活下去就是最大的幸福"的话语；地震过后，从废墟中走出的孩子们只希望自己"能有根彩色的铅笔"。

我们一边在为他们的感恩和质朴而动容，但同时，也不禁会发出这样的感叹：难道非要到人的生命受到莫名的威胁，或者生命的进程有了具体的时间表时，人们才会从忙碌与压力中挣脱出来吗？

降低期望值，就从这一刻开始吧。通过心理调节，使自己能够平静地对待目标，从而减轻或消除心理负担。在这个世界上所有获得幸福的途径中，这种方法的投入产出比也许是最高的。

但有一点需要注意的是，降低期望并不是让我们放弃工作，懈怠于生活。这只是意味着，只要尽力而为了，就不必太在意结果是否合乎预期。因为，沉淀下来的生活才能让人体悟到生命的真谛所在，而这种沉淀就要求内心对周围一切的期望是简朴的。

的确，人生不同的结果起源于不同的心态。假如感到世界变得一片灰暗，那是因为你的内心不够阳光。只要降低一分期望，便会得到一分幸福。丢弃过高的要求，走进自己的内心，认真地体验生活、享受生活，我们就会发现，生活原本就是简单而富有乐趣的。

用减法过生活

于丹曾说:"人到三十岁以后,就应该开始学着用减法生活,也就是学会舍弃那些不是你心灵真正需要的东西。人的内心就像一栋新房子,刚搬进去时,都想着要把所有的家具和装饰摆在里面,结果到最后发现这个家被摆得像胡同一样,反而没有让自己能够落脚的舒服地方了,于是开始想着舍弃或丢弃一些不需要的东西……"

人的心灵如果被所得堆得太满,最后就会为其所累;唯有用减法,才可以平衡生活。当生活的旁枝末节被减得越多,生命的主干保留得也就越清晰、我们迈向成功和成熟的可能性就会随之增大,拥有的快乐也会更多。

从某种意义上讲,世间万物都是有限的,包括那"比海宽比天广"的人心。只进不出,早晚有塞不进去的时候;只加不减,也早晚会有被彻底压垮的一刻。人生之初,生命本身就是对"我"这个个体的一种"加法",然后便源源不断:生理的满足、物质的享乐、人情的温暖、事业的成功。再后来,这加法的速度做得越来越快,情形也越来越急:多加份薪水,多加些成就,多几个朋友,多几分幸运……可谓多多益善。

于是,我们开始畏惧和害怕,谈"减"色变,患得患失。友情的失去、生意的亏损,都会让我们沮丧,让我们畏缩。于是,人们便死死抱着这样一种态度,守着这样一条底线:拒绝做减法。

不懂得做减法的人,整日被太多的欲望缠身,最终无法享受到生活的快乐。只想着用加法获取更多的人,到头来却失去了心灵的轻松和快乐。

在人生的道路上，如果想要感受到心灵的轻松，就要使自己的生活更加简单与宁静，这时就需要我们学会在人生各个阶段，定期卸下包袱，随时寻找减轻负担的方法。

每天早晨，和大多数人一样，我们背着过去的包袱出门，直到入眠方休；到了第二天早晨，又再度背起昨天的包袱……就这样，生命越往前走，我们发现身上的包袱和负担就越重。这是因为，我们把每一个过去的昨天都放在背包里，把每一个阶段的是非、得失都扛在了肩头，如此，走路只会越走越累。

一个青年因终日郁郁寡欢，便想求教一个悟道之解。他背着一个大包裹，千里迢迢地跑来找慧能大师。他说："大师，我是那样的孤独、痛苦和寂寞。长期的跋涉使我疲倦到极点：我的鞋子破了，双脚被荆棘割伤了，手也流血不止，嗓子因为长久的呼喊而喑哑……"

大师看着他肩上背的大包裹，问："孩子，你的大包裹里装的是什么？"

青年说："它对我来说简直太重要了！里面是我每一次跌倒时的痛苦，每一次受伤后的哭泣，每一次孤寂时的烦恼……靠了它，我才走到您这儿来。"

慧能大师没有直接对青年的话做出任何评判，只带着他来到河边，并坐船过了河。

上岸后，大师说："现在，你把船扛起来赶路吧！"

"什么，扛了船赶路？"青年很惊讶，"它那么沉，我能扛得动吗？"

"是的，孩子，你扛不动它。"大师微微一笑，说，"过河时，船是有用的；但过了河，我们就要放下船赶路。否则，它会变成我们的包袱。痛苦、孤独、寂寞、灾难、眼泪，这些对人生都是有用的，它能使生命得到解脱；但须臾不忘，就成了人生的包袱。放下它吧！孩子，生命不能太负重了。"

青年如醍醐灌顶，恍然大悟。他放下包袱继续赶路，发觉自己心情愉悦，步子也比以前轻快了许多。原来，生命是可以不必如此沉重的，只要敢于"减下"负担。

在前行的道路上，我们是否意识到自己肩上那有形或无形的"背包"？我们的背上又扛了多少不必要的包袱？比如过去的失败和曾经做过的错事，又比如得了第二要争第一、好了还想更好的"上进心"……这些是不是一直在不断地"加"进了"背包"里，而我们是不是一直在扛着越来越重的包袱前进？

那么，你准备还要扛多久？

德川家康说过："人生不过是一场带着行李的旅行，我们只能不断向前走，并且沿途不断抛弃沉重的包袱。"如果希望人生旅程是快乐的，就要尽快放下身上的包袱，丢弃那些多余的负担，减掉那些"不值得"背负的东西。天使之所以能够飞翔，是因为她有轻盈的翅膀；当给翅膀附带上了过多额外的重量时，她也就不能再飞向更远的地方了。

也许人生就是如此，当我们在某一方面拥有太多的时候，在另一方面可能就要付出相应的代价；当准备放弃某一方面时，往往冥冥中就已经注定了在另一方面将有所收获。人生最大的遗憾在于：轻易放弃了不该放弃的，却固执地坚持不该坚持的。

所以，从整个生命历程的长远角度来看，真正有益的事情并不是获取更多，而是有选择地剔除掉那些多余冗繁的事物。去冗除繁，是用减法生活的一种体现，也是一种人生的成长方式。同时，只有那些真正体验过人生百味的人，才会拥有这样洒脱而成熟的智慧。如此，我们的内心将会因为外在冗繁的减除而实现真正的丰盈。

放手是后退中的前进

"手把青秧插满田,低头便见水中天。六根清净方为道,退步原来是向前。"这是弥勒菩萨化身的布袋和尚看到农人插秧时所作的一首诗。农人手拿着青秧一步步往后退,退到田边,退到最后,就把所有的秧苗全部插好了。正因为倒退着插秧,才不至于踩坏秧苗,从而迅速地插完。

有时,退让并不是完全的消极,如同放手并不等于失败。我们抓住不放的未必就是最有价值的,心灵的重负也完全取决于一拿一放之间。不要拒绝五指张开的尝试,那一刻,就是打开井盖、融入天空的开始。

关于放手,有一个 5 分钱硬币和 3 万元古董花瓶的故事:

一位年轻妇人正在厨房里做饭,忽然听见从客厅里传来 4 岁儿子极度恐慌的声音:"妈妈,妈妈,快来呀!"

年轻妇人闻声便立刻跑到了客厅,才发现原来儿子的手卡在了一个花瓶中无法脱出,因此痛得连声直叫。

她想帮儿子将手从花瓶中拉出来,可试来试去也无济于事。看着儿子脸上挂满了泪水,年轻妇人心疼至极,便找来一个锤子,小心翼翼地把花瓶敲破了。

费了很大的劲,儿子的手终于出来了。

这时,儿子紧紧攥成一个拳头,怎么也不松开的小手吓坏了年轻妇人。她想,难道是孩子的手在花瓶里卡得太久而变形了?

等她将儿子的拳头小心地掰开时,一面彻底松了口气,一面让她哭笑不得：孩子的手没事，他的小手心里紧紧攥着的，是一枚 5 分钱硬币。而那个刚刚被她敲碎的，是一个价值 3 万元的古董花瓶。

原来，淘气的儿子不小心将几枚硬币扔进了花瓶，便想把它们取出来，可由于紧紧攥住硬币的拳头大过了瓶口，于是就怎么也出不来了。

年轻妇人不由问儿子："你怎么不放下硬币，把手松开呢？那样你的手就可以出来，妈妈也就不必打烂这个花瓶了。"

儿子只回答了一句话："妈妈，花瓶那么深，我怕一松手，硬币就掉下去了。"

为一枚 5 分钱的硬币，砸烂了一个价值 3 万元的花瓶，这个故事听起来未免有些可笑。但唏嘘一笑之后，我们可曾意识到，这个发生在 4 岁孩子身上的故事，其实已普遍存在于你我之间。有多少人正是由于将手中的东西抓得太紧，最后导致了因小失大，甚至悲剧？这些人手中紧抓的"硬币"在他们看来都是十分重要的东西，比如利益、成就、权力、面子、学识……但也许从未有人帮他们点破：这些其实都只是那"5 分钱"，人生的"3 万元"和更有价值的追求应该是感知幸福的能力。这决定了我们是否能有一颗平静而快乐的心，以及和谐而广阔的生命。

想来，人们之所以紧抓"硬币"不愿松手，可能是因为害怕一旦放手，这些本来已属于自己的东西就再也没有了。但假若我们再往下想，这种害怕失去的心理其实是因为内心的不安而造成的，至少现在的快乐还并不是那么充盈。

然而，所有对生命大彻大悟的人都告诉我们：真正的幸福与快乐并不在于手中拥有多少外在的物质，而在于内心能够容纳多少高贵而美妙的思想。人的一生从某种角度来说，就是一种不断拥有和不断失去的过程。如同断奶的过程：母乳喂养是维系两代人情感和生命的纽带，但每个人都必经的断奶就是一种放弃，同时也标志着人的长大。

在经历过无数次的拥有与失去之后，人们才能意识到，获得幸福与快乐的关键并不是去无休止地追求什么，而是在适当的时候学会去放弃什么。上幼儿园、小学、中学、大学，后者总是对前者的放弃。我们需要不断放弃已经熟悉的环境、已经适应的生活，才能实现自身的成长。然后，还有更多奢侈的欲望、冗赘的负担和消极的思想，等着我们有一天能够真正放下。

放手并不是逃避与屈服，就如同划船时，船桨是往后划动才可以使得小船向前行驶。退后，有时是为了更好地前进，那么，放手，就是退后中向前。

如今的吴小莉已经很少在荧屏上露面，作为一位曾名满天下的主持人，当被问及从台前到幕后的转变会不会产生失落感时，吴小莉这样回答：

"我退到幕后既是事业的需要，也是我个人的主动选择。从事管理工作当然少了很多观众的关注与追捧，可是我会找到另一种满足。虽然工作岗位有了变化，但当新闻大事发生时我其实仍然在场。我个人和我们的频道共同存在着，所以不会有失落感，而是换了另一种成就感。我主动选择这样的岗位是因为这样生活更规律些，可以调配出时间照顾我的家庭。"

在分秒必争、竞争激烈的当代社会，吴小莉用柔和的进退方式换得了轻松惬意的生活。放手之后，天地打开。或疏放挺秀，或清幽淡雅，心灵与自然的共鸣便源源不断。

要想在人生的大风浪中驾驭好生命之舟，我们就应该像巴尔扎克所说的话，"常常学船长的样子，在狂风暴雨之下把笨重的货物扔掉，以减轻船的重量"。请记得：一叶落，荒芜不了整个春天。于是，放心，放手，然后将烦琐清零，回归简单，便心生欢喜。

第五章
简单是一种淡泊明志的修为方式

修行来自于淡泊明志的心态,而简单则酝酿了平和。简单的过程就是一个觉醒的过程,大道至简。高远的修行境界一定是一个简约安然的体会过程。简单使人不大喜,亦不大悲,让人渐渐历练到能够宁静地享受着持续的快乐。而快乐才是生命不断走下去的动力。

简单来源于心态的平和,正所谓"不以物喜,不以己悲"。热爱生活,积极地面对现实,认真地活在当下,真诚地善待他人,不虚伪地戴着面具,不强烈地苛求他人,也不和自己较劲。何况,忙碌的生活过程中,有许多自然而惯性的活动,并不需要精疲力竭地去琢磨。若能常以超然、淡泊的心去对待生活,定能获得别样的幸福。

不要为昨天埋单

印度诗人泰戈尔在《飞鸟集》中曾说过这样一句话："如果你因为失去了太阳而流泪，那么你也将失去群星。"

过去的已经过去，时光从来不会逆转。或哀伤遗憾，或留恋沉迷，除了劳心费神、分散精力之外，没有一点益处。这一秒钟的当下也即将成为过去，如果不活在当下，只能在下一秒钟继续为昨天埋单。把握住当下所有的欢乐和幸福，才不会生活在永无止境的遗憾中。

在某个中学里，一位老师看到班上的许多学生都会为已经出来的成绩而感到不安。他们总是在交完考卷后充满了忧虑，或者是在发下试卷后，对自己的分数不满。这位老师看在眼里，记在了心上。

一天，这位老师在实验室里讲课，他把一瓶牛奶放在桌上，沉默不语。学生们不明就里地看着老师，不知道这瓶牛奶和他们要上的这节课有什么关系，教室里一片安静。

这时候，老师突然站了起来，故意失手把那瓶牛奶打翻在水槽中。学生们都很惊讶，围拢到水槽前议论纷纷，都觉得太可惜了。

等学生们感叹完了，这位老师才说："我希望你们永远记住这个道理，牛奶已经流光了，无论你们怎样后悔和抱怨，都没有办法取回一滴。如果你们可以事先加以预防，想一些保住那瓶牛奶的方法，那还是有意义的。可是现在一切都晚了。你们现在能做的，就是吸取这次的教训，然后便把它忘记，开始注意下一件事。"

"如果我昨天那样做了，那么我就可以成功了；如果再给我一次机会，我一定能得第一；如果能回到昨天去弥补那个过失，后果也许就不会那么严重……"可是，人生没有这么多的"如果"，昨天的事情无论好坏，我们都已无法改变，那么就不要再为昨天停留。

过去的已经过去，历史不能重新开始。为过去哀伤，为过去遗憾，除了劳心费神，分散精力之外，没有一点益处。"覆水难收"，漫漫人生是不可逆转的，当然也无所谓重新选择的机会。也许生命里曾有过失败和伤痛，但那只是过去的演绎；若沉湎其中，只会耽误了当下的生活。

一个猎人带着儿子去打猎，在林子里活捉了一只小羊。儿子非常高兴，要求饲养这只小山羊。父亲答应了，将猎物交给儿子，要他先带回家去。

儿子挎着枪，牵着羊，沿着小河回家。中途，羊在喝水的时候忽然挣脱绳子，小猎人紧追慢赶，到底没有抓住，到手的猎物就这么飞走了。

小猎人既恼火又伤心，坐在河边一块大石头后哭泣，不知道如何向父亲交待，满腔懊悔之情。

他糊里糊涂等到傍晚，看见父亲沿河边走来了。小猎人站起身，告诉父亲丢羊一事。父亲非常惊讶，问："那你就一直这么坐在大石头后面吗？"

小猎人赶忙为自己辩解："我没能追赶上它。后来也四处找了，还是没有踪影。"

父亲摇摇头，指着河岸泥地上一些凌乱的新鲜脚印："看，那是什么？"

小猎人仔细查看后，惊讶地问父亲："刚刚来过几只鹿吗？"

父亲点点头："是啊！为了那只小山羊，你错过了整整一群鹿啊！"

不为昨天埋单，通俗地讲，就是不要和自己的过去较劲。如果一有过错我们就陷入无尽的自责、哀怨、痛悔之中，我们将永远活在昨天，而失去了前进的动力。对于错误来说，懊悔毫无用处，只能带来更大的痛苦。如果摔倒了，我们唯一该做也是能做的，就是爬起来，拍拍身上的灰尘，重新走上人生的旅途。

很多时候，当我们或是沉醉于过去成功的喜悦中，或是深陷于昨日失败的阴影时，翌日的太阳就已经在对着我们微笑了。也就是说，恰恰是眼下正在经历的才是我们能力范围之内唯一能把握的。抓住能抓到的，便会觉得无论是快乐也好、成功也罢，仿佛就不再那样遥不可及、高不可攀，就会觉得这些我们向往已久的心愿其实都近在咫尺般简单易得。

请记住这样一句话：你虚度的今天，正是昨天死去的人们无限向往的明天。

明天还有明天的烦恼

如果明天注定会有烦恼，那么今天的时光就更加宝贵。但往往许多烦心和忧愁都是自我束缚的绳索，是对自己心力的无端耗费，无异于给自己设置了虚拟的精神陷阱。过好眼下这一刻，也许下一刻的形势甚至会随之改变。所以在人生的储蓄卡上，请记得不要预支烦恼。

明天的烦恼真的能在今天解决吗？让这个故事中的小和尚来告诉我们吧。

在远离闹市的深山幽林中，坐落着一个很大的寺庙院子，被百年老树所荫蔽着。每逢深秋，寺院的地上便铺满了厚厚的一层落叶。有一个小和尚便是专门负责在每天早晨把这些落叶清扫干净的。

然而，在寒凉的秋冬之际，清晨起床清扫落叶实在是一件苦差事。有时，伴着清扫，一阵寒风吹过，又有些许树叶随风飘落。这样，每天早晨都需要花费很多时间才能把已经落在地上的树叶清扫干净。这让小和尚头痛不已，一直琢磨着能有一个什么好办法可以让自己稍微轻松些。

小和尚一时愁眉不展，被一个师兄看见了。问清原因后，师兄嘲笑小和尚脑子不开窍，最后不屑地告诉他："明天打扫落叶之前，你先用力摇一摇树，尽可能地把更多的树叶摇下来，这样后天就不用再那么辛苦了！"

小和尚半信半疑，但想到秋寒的早晨那份冷气，不禁打了一个寒战。于是他决定按照师兄的方法试一试。

第二天早晨，小和尚起床后推开门，不禁呆住了：昨天扫得很干净的院子里，仍然一如往昔地落叶满地——明天，他还是要扫明天的落叶！

这时，寺院的住持方丈走过来，摸摸小和尚的脑袋，意味深长地说："孩子，无论你今天怎样用力，明天的落叶还是会飘落下来啊！"

是啊，生活中的我们又何尝不像这个小和尚一样呢？我们总是企图把人生的烦恼都提前解决掉，以便将来高枕无忧，以为那样就能彻底地摆脱烦恼，过上自由自在的生活。

殊不知，这个世界上有太多的事情是无法提前预支的。过早地品味将来的烦扰，除了给自己带来更多无谓的沮丧，让生活变得更加沉重之外，没有一点是对问题有所益处的。所谓"活在当下"，就是指努力过好现在；实际上，一天的扫当承担好，便是为下一天的轻松提前做好了准备。

世事忙碌中，人们往往都心神不宁地担心着明天和未来。可是，如果明天注定会有烦恼，今天的所有情绪都是于事无补的。唯有保持坚强的心灵，面对任何困难，都能坦然而从容地去面对、去解决。

不预支明天的烦恼，才能使我们的生活更加轻松而富有诗意。抱着一颗简单的心，不要对未来有太多过于复杂的"设计"。想象出来的烦恼比实际发生的更多、更可怕。正如冒险家埃尔勒·哈利伯顿所说："怀着忧愁上床，就是背负着包袱睡觉。"甩掉预想出来的包袱，便不会再有那么多繁杂的思绪来充斥着心灵，由此，澄净才会开始。

安然看待得与失

一代名臣曾国藩曾说："得失有定数，求而不得者多矣，纵求而得，亦是命所应有。安然则受，未必不得，自多营营耳。"

其实，人生就是一个不断得而复失的过程，就其最终结果而言，失去比得到更为本质。随着整个生命的离去，我们所拥有的一切都将失去。世事无常，没有任何一样东西能够被真正占有。既然如此，又何必患得患失？我们应该做，也是所能做到的，便是在得到时珍惜，失去时放手；安然于两者之间，心平而气和。

我们总认为得到本就理所当然，失去反而成了非常态。所以，每每失去，就不免感伤和追忆。其实，每个人心中都是明白的，在漫漫人生长河中，得失相伴随时。人生苦短的叹息，花开花落的无奈，即使诗画中也是风雨和阳光同在。这才是大自然的规律，也是普通人的平凡生活。

然而，平凡中自有升华。每一次的觉悟和放弃都是一次灵魂的洗礼。伤感过后，仍是要回到现实生活中，日子并不会因为个人而改变。就在这渐进式的理解中，便会懂得超脱地望向未来。眼神里的凄楚也因深刻而愈加美丽。

东晋大诗人陶渊明向来被世人奉为安贫乐道、高洁傲岸的精神典型，

《五柳先生传》[1]的一段文字便足以为证：

"环堵萧然，不蔽风日；短褐穿结，箪瓢屡空，晏如也。常著文章自娱，颇示己志。忘怀得失，以此自终。"

想当初，那不为五斗米折腰的陶渊明也曾有过报效天下之志，十三年的仕宦生活是他为实现"大济苍生"的理想抱负而不断尝试、不断失望、终至绝望的十三年。然而终究，赋《归去来兮辞》，挂印辞官，彻底与上层统治阶级决裂，毅然不与世俗同流合污。对于所谓的世事得失，怎一个"潇洒"二字了得。

回归故里后，陶渊明一直过着"夫耕于前，妻锄于后"的田园生活。初时，生活尚可，"方宅十余亩，草屋八九间"，"采菊东篱下，悠然见南山"，生活虽简朴，却乐在其中。

后住地失火，举家迁移，生活便逐渐困难起来。如逢丰收，还可以"欢会酌春酒，摘我园中蔬"；如遇灾年，则"夏日抱长饥，寒夜列被眠"。然而，其安然于得失的本色，丝毫不改，稳于心中。

陶渊明的晚年生活愈加贫困，却始终保持着固穷守节的志趣，老而弥坚。元嘉四年（427年）九月中旬，神志尚清时，他为自己写下了《挽歌诗》三首，在第三首诗[1]末两句说："死去何所道，托体同山阿。"如此平淡自然的生死观，情也飘逸，意也洒脱。

或许，对于陶渊明的境界，我们当然无法企及，但至少能做到的便是抱有一颗淡泊明志、从简修行的心。平静地面对得失，执着于自身超脱；固然炎凉冷暖，又何碍于以冷眼旁观，泰然自若。

得到的并不一定是最好的，也并非是让我们刻骨铭心的，但这却是属于我们能够拥有的。得不到的就不要执迷于此，失去也未必不是一种简单和轻松。清风两袖间，更显得飘逸和潇洒。

平日里，我们好像只关心自己已经失去的，一味地沉浸于喋喋不休的埋怨与追悔中，无形中留下了许多伤感与怨恨。其实，快乐与否，只是我们内心看待得失的角度，就像这位老者。

老人家久居山野村落，每天早晨都往返于水井与家之间，只挑两担水。

日子久了，水桶就有点漏，滴滴答答，一路上洒下长长一行水滴。路人提醒他说："您换个水桶吧！"老人家笑笑不语，依旧挑着旧水桶来，挑着旧水桶去。

后来，仍不断有好心人提醒，老人除了感谢之外，依然没有任何改变。邻居终于不解地问道："您那么辛苦地挑了一担水，可水桶是漏的，等走到家时恐怕早已漏掉了小半桶。这么白费力气，何不换一个好桶呢？"

老人坦然一笑，说："没有白费力气啊。你回头看一看，这一路走来，我桶里漏的水不是都浇了路边的花草了吗？你看它们长得多好啊！"

对于得与失，老人早已释然并通解，所以有了如此安然而平和的心态。失去其实并不可怕，可怕的是我们不能够正视现实。往往，当我们对失去感到遗憾的同时，可能就在不经意间得到了另一种收获。既然已经失去了，又何必耿耿于怀、纠缠于心呢？放弃不必要的冥想，珍惜眼前的平凡，自娱自乐，心安理得，没有刻意的追求，便不会有失去的伤感和沉重。

月亮的残缺并没有影响到它的皎洁，人生的遗憾也不该遮掩住它的美丽。不要再让担忧与焦虑消耗我们的精力，心态的调整只是一念之间的意识。安然于得失，简明的心性，胸襟便自然豁达于明媚之中。

把烦恼关在门外

漫漫长路，人生舞台，会有不同的布景搭建出贴有不同标签的空间环境。我们要学会在各种纷纭扰攘中"关门"，在贴着"情感"标签的房间充分享受情感，在贴着"工作"标签的房间充分展现工作能力，在贴着"休息"标签的房间安心休息。但是，享受每一刻纯粹生活的前提是，关上其他的房门。如此，"烦恼流"便不会随意涌入所有的人生空间。

英国前首相劳和·乔治有一个生活习惯：平日里，他每走过一扇门，便随手把身后的门关上。对此，乔治向朋友们微笑着解释说："我这一生都在关身后的门。你知道，这是必须做的事，当你关门时，也将过去的一切留在了后面，不管是美好的成就，还是让人懊恼的失误，然后，我们可以重新面对。"的确，在人生的旅途上，如果我们能"随手关门"，将烦恼抛在身后，那么在走出困境、实现人生价值的同时，也就获得了一份淡雅安宁的心志。

一个技工师傅被英国的一个农场主雇用来安装农舍的水管。可没想到开工的第一天，竟是这样度过的：先是技工驾车驶往农舍的路上，因为轮胎爆裂而足足耽误了两个小时。他满身大汗地到了农舍，刚要干活时，又发现电钻也坏了。最后，连他让别人开来的那辆载重 1 吨的老爷车也抛锚了。费尽周折，技工总算是没有误了工作。到了收工时，雇主为表示感谢而开车送他回家。

到了家门口，技工邀请雇主进屋去喝杯茶。就在二人一起走向单元门时，技工忽然停住了脚步，没有马上进去。只见他闭上了眼睛，深深地吸了几口气，再伸出双手抚摸了一下门口旁边一棵小树的枝丫。

进了家门后，技工仿佛在瞬间换了一个人似的，满脸笑容，充满活力地抱起两个孩子，再给迎上来的妻子一个深情的吻。然后，热情地把这位雇主介绍给家人，并盛情招待。

雇主就在这一家人其乐融融的氛围中度过了一个愉快的晚上。离开时，技工把他送出了院门口。临走时，雇主终于按捺不住好奇心，向技工问道："看起来今天一天的辛苦和倒霉事并没有影响到你回家后的心情，你刚才临进门口时做的那个动作，有什么特别的用意吗？"

技工笑笑，爽快地回答说："是的，在外面工作总会遇到不顺心的事，可我不能把烦恼带进那个门，因为门里面有我的太太和孩子们。我就把一天的烦恼全都拎出来，暂时挂在树上，等到明天出门时再拿走。可奇怪的是，第二天出门时，我感到那些烦恼大半都已经不见了。"

如此可爱的人用他的智慧拥有了可爱的生活！其实，生活中的许多烦恼都是我们一时的情绪造成的。也许用不了多长时间，环境转换了，心情自然也就随之转移。善于"关门"，就是要把烦恼与当下的环境隔绝，让自己"不在那个状态了"，自然就可以享受到比较纯粹的自我生活。

很多时候，快乐是自找的，烦恼也是。淡泊与浓厚，简单与复杂，关键就在于心志的纯明。心灵澄明了，自然就有"过滤污染"的意识。在现实与理想中寻求一种平衡，慢慢地，宁静与和谐不期而至。

多不一定就是好

中国有句古话：花未全开月半圆。凡事不能过度，正所谓物极必反。一味地追求和索取，最终只会被表面的浮华所拖累。当拥有的超过了所能享受的程度时，就如同鸟翼系上了黄金，难以振翅。

倒茶不满，画图留白，都是一个度的把握，可见并非多多益善。在心无旁骛的不疾不徐中，方可体现对目标的唯一、对梦想的忠诚，然后，便自有所得。

生命的意义在于内心的丰盛，而并非外在的拥有。如果一味地索求无限的物质，最终只能像下面这个故事里的哥哥一样，由于自己的贪婪而被困死。

故事的主人公是两个家境贫困的亲兄弟。二人受到天神的恩惠，被告知了一个秘密：在离家不远的东山上，将在某一天的日出时分会出现一个山洞，里面有取之不尽、用之不竭的金银珠宝，可以供他们随意拿取。但同时，兄弟二人还被告知，这个山洞会在日落时分自动闭合，并且永远不会再开。因此，他们必须在日落之前走出山洞，否则就会被永远地困死在里面。

于是，兄弟二人在日出时分人手一个袋子，走进了洞中。不同的是，哥哥拿的袋子要比弟弟的大好几倍。

哥哥见状，还一番好意地提醒弟弟：既然能得到这个恩惠，就说明上天有意眷顾咱们。山洞里的财宝任取，何不拿个大一点的袋子多装一些。

而弟弟却劝哥哥不要太贪婪，更不能忘记最后的神谕：日落之前必须走出山洞。

哥哥见弟弟不领情反而还教导自己，他感到很不高兴，便甩开了弟弟，自己一头走进了山洞。

很快，弟弟的小口袋便被装满了，他心满意足地准备出去。临走之前，他还是找到了哥哥劝说他要适可而止，并想拉他一起走。可是，哥哥丝毫不理会弟弟的忠告，还觉得弟弟是有意不想让自己拿到更多的财宝。

看着正在一点一点西落的太阳，弟弟情急之下准备去强拉哥哥。可是，由于哥哥的口袋太大，里面装的财宝太多，无论怎么使劲，弟弟也无法拽动他。

眼看着西山顶上落日的最后一丝余晖马上就要消失，弟弟不得不快步跑向洞口。就在弟弟走出山洞的那一刹那，他看到太阳最后的一条金边儿也彻底落下去了。弟弟痛心地喊了一声"哥哥"，眼睁睁地看着山洞的门口严严实实地合上了。他的哥哥带着满满一大口袋金银珠宝被关在了山洞里，永远没有出来的机会了。

当我们仍在苦苦追求大量的身外之物时，如果没有得到预期所想，就总是希望得到的多一些、再多一些。往往，人们总是羡慕自己没有的，所以便不加选择地疯狂敛取。然后，当我们拥有更多的时候，烦恼也会成比例地增加。因为，一旦拥有过多，便一个也不愿意舍弃，这个放不开，那个丢不下。生活中有太多的选择，有选择就有舍弃，所以我们会心酸、会痛苦，总觉得生活不如意。

实际上，我们很少想过自己所需要的是什么，又需要多少。当蓦然回首的那一刻才发现，自己曾经通过辛辛苦苦的努力和一点一滴的积累所拥有的许多东西，其实都不是自己真正所需的，如此便成为人生的冗赘。

那么，无论这些冗赘有着多么华丽的外表，我们都应当适度地舍弃，用减法来经营人生。在整个生命的历程中，对于我们真正有益的，并不是获取更多的物质，而是有选择、有目的地剔除一些多余而烦冗的事物。这样，才能在喧嚣与躁动的时代中找到一片属于自己内心的宁静之所，很多事情才得以释怀。

40岁时，吉姆·特纳继承了拥有30多亿美元资产的莱斯勒石油公司。

在员工的印象中，他永远都没有紧皱眉头的时候。加勒比海的那次海啸给公司的油井造成了1亿多美元的损失，而吉姆·特纳在董事会上依然谈笑风生："纵然减去1亿美元，我还是比你们富有十倍，因为我有多于你们十倍的快乐。"他的孩子在车祸中不幸身亡，他说："我有五个孩子，减去一个痛苦，还有四个幸福。"

在刚刚接手拥有巨额资产的石油公司时，人们都以为新上任的总裁会大干一番。然而，吉姆·特纳却组建起一个评估团，对公司资产做了全面盘点：以50年作基数，在资产总额中先减去自己和全家所需、应承担的社会费用，再减去应付的银行利息、公司硬性支出、生产投资等，最终发现还剩8000万美元。他从这笔钱中拿出3000万美元，为家乡建起了一所大学，余下的全部捐给了美国社会福利基金会。

人们对此大惑不解，吉姆·特纳说："这么多的钱对我来说反而成为了一种累赘，减去它就是减去了我生命中的负担。"

一直到85岁，吉姆·特纳悄然谢世。他在自己的墓碑上留下这样一行字："今生令我最欣慰的，就是用好了人生的减法。"

我们向来认为，无论是对物质还是精神，都要不懈地努力追求、积累，似乎只有用加法营垒起的人生才会富有。其实，失去实质应用意义的富有只会变成一种拥塞和负担。

由此看来，很多时候并非多多益善。褪尽繁华之后，最初的纯真梦想才会重新显现，这时我们往往发现，人生所需不过种种，如返璞归真般，简单而又纯粹。只有勇于去冗除繁，才能拥有本真的自我。在"欠一点"的状态下，才会有所留恋、有所期待，才能充分享受物我和谐、游刃有余的生活。

简约是福，随处安然

我国著名数学家陈省身先生不止一次地对外表示：数学的一个重要作用就是九九归一，化繁为简、化大为小，就是把遇到困难的事物尽量划分成许多小的部分，如此一来每一小部分显然就更容易解决。而为人处世也是一样，越是一个单纯专一的人，就越容易在某一方面取得成功。

简约，意味着去粗取精、避开纷争，虔诚地倾听并顺从内心最真实的声音。有意愿去尽力摆脱纠缠不清的种种，把时间花在自己喜欢之事和心爱之人上。简约是一种生命的过程，而并非目的。如此，处处淡定安然，获得内心的祥和，才是人生最大的福气。

简约并不是清心寡欲，一味追求清贫的生活。它仅仅意味着生活的悠闲和心灵的从容。

生活在这个繁杂的世界上，有太多的诱惑、太多的陷阱、太多的关系，使原本并不复杂的生活变得让人感觉是那么难。事物的本质从来都没有变，变的是复杂化了的人心。然后，人们单纯的面貌和健康的身心也开始变化，变得或是唯唯诺诺、谨慎小心，或是狰狞怒目、霸道无理。到最后，只弄得伤痕累累。于是，人们又开始抱怨社会的复杂，感叹自由的不再；一边怀念坦荡与诚信，一边又丢失了曾视为生命的自尊和本性。

其实，午夜时分，我们可以和自己的心灵对一对话。那时聆听到的声音，一定是最真实的，也是最本初的渴望，仿佛在说"卸下复杂的面具吧，生命之舟载不动太多的物欲与虚荣，简约才是福啊"。

难道不是吗？多余的脂肪会压迫人的心脏，多余的财富会增加人的负担，多余的幻想会毁灭人的生活，多余的追求会拖累人的心灵。该踏上归途了，回归内心，回归简约。

一位亿万富翁曾经给他的儿子写过一封信，其中有段这样的话：

"简约是一种理智的生活态度，是一种豁达的人生情怀。因为，简单的人能够摆脱世俗的限制，而回归人性的真实。懂得有所约束的人，能够在阅尽纷繁后自我沉淀，得到独属于他的人生。

"要记住，简约是一种难得的清醒，它尝试着为心灵减负，享受着生活的乐趣；简约也是一种淡泊明志的修行，它不为名扰，不为物忧。简约的生活是不受羁绊的，始终循着自己的方向，远离复杂，随处安然。如此，福气至深。"

的确，生命本就应该以一种简单的方式来经历。人活得越复杂，就越不能挥洒自如。精神的富足能够让平凡的日子显得活色生香。就像对于艺术品来说，简约精致往往比华丽繁复更能震撼人心。那么对于人生而言，轻松与惬意往往比奢侈与迷醉更能令我们感到幸福和愉悦。

提倡简约，自然是摒弃一种"穷忙"的生活，但同时也并非就是贫乏。它只是一种不让我们迷失自我的方法。可以因此抛弃那些纷繁而无意义的生活，全身心地投入到内心向往之所在，体验生命的激情和至高的境界。

当发现人生已失去原有的简单与宁静时，我们要做的不再是刻意地追求和无谓地争取，而是放弃奢侈的欲望，扫清人生道路上的重重障碍。唯此，生活才能回归轻松，才能重新体会安然祥和的幸福。

记住，你不是超人

美国著名汽车公司福特汽车的创始人亨利·福特在回忆当初自己的管理方式时，感慨良深地说："没有一个人是无所不能的。如果当初没有我的及时改变想法和退出公司，也许福特公司就不会有这么大的发展。不管一个人的地位有多高，也不管他有什么样的成就，都会不可避免地犯这样那样的错误，没有谁是无所不能的。"

的确，一个人的能力是有限的，认识并接受了这样一个事实，我们便懂得凡事不要苛求自己。如果非要把自己拔到那些完不成的极限和遥不可及的梦想这个高度，又怎能不心受折磨？尊重客观规律，辩证地把握强弱；抱着一种顺其自然的心态去追求，去努力，也就足够了。

在福特公司创立之初，公司很多技术都是福特本人开发出来的，他也因此以技术而闻名。福特也认为自己无论是在企业管理，还是研发技术方面，都是无所不能的，似乎没有哪一部分能离得开他。

然而，在福特技术内部研究所里，整个公司技术人员都在为用"水冷"还是"气冷"冷却发动机而发生了激烈的争论。大部分技术员都支持采用"水冷"来冷却发动机，但是福特却认为"气冷"是最好的，因此整个福特公司生产出来的汽车都是"气冷"式轿车。

没过多久,在一次美国举行的一级方程式冠军赛上,一位车手驾驶福特汽车公司的"气冷"式赛车参赛。一开始,福特汽车遥遥领先;但在第三圈的时候,由于速度过快导致车身失控,赛车撞上了旁边的防护栏后油箱爆炸,车手被烧成重伤。

此事引起了"气冷"式轿车的销量剧减。技术人员要求研究"水冷"式轿车,可此时的福特还是坚持研究"气冷"式轿车,以至于公司的几名技术人员准备辞职。

"您是觉得您个人身兼数职重要,还是整个公司重要?"福特公司的副总经理感到事态严重,果断地找到福特。

面对这样严肃而直接的质问,福特惊讶地回答道:"当然是整个公司重要了。"

"那就同意让他们去研究水冷引擎。"副总经理的毫不留情让福特猛然醒悟过来,明白了事态的严重性,也明白了自己一直以来大包大揽的角色错位。

于是,福特亲自召见了所有的研究人员,宣布公司以后技术研究的主要方向由他们决定,自己只是管理。紧接着,福特把当时想辞职的几名技术人员全部委以重任,自己也不再插手技术方面的问题,而转向了管理。

后来,公司的技术人员开发出适应市场的"水冷"式发动机,再加上福特先进的管理技术,福特汽车顿时销量大增。

就像福特事后感慨的那样,没有谁是无所不能的。只有正确地认识自己,才能有明确的发展方向,一个人如是,一个公司也不例外。"越位"的人生往往让人们总是抓狂于自己的苛求中,身心疲惫而沉重。让自己背负"超人"的角色越多,对苦闷的体验也就越敏感。

没有人是三头六臂、无所不能的，即使再优秀的人，如果不把事情分担给别人，也会被所有的苦累压死。适当的休息，承认自己能力有限，才能真正从过度紧张的生活中解脱出来，过上张弛有度的生活，拥有简单而安然的幸福。

一位企业家，事业有成，只是身体已濒临崩溃的边缘。于是，他来找一位有名的老中医，希望能给自己开些调理的药。

老中医在询问完他日常的工作生活情况后，只劝他多多休息。没想到却引来了企业家激烈的抗议："那哪行啊？我每天承担着巨大的工作量，没有一个人可以为我分担啊！"

"为什么呢？难道没有人可以帮你处理文件吗？"

"不行呀！这些文件都是相当紧急而且重要的，只有我自己一份一份亲自批示，才能尽快地采取正确的决策。"企业家不耐烦地说。

"如果是这样，那么你的处方我已经给你开好了。"老中医不容置疑地说。

企业家欣喜地拿过处方一看，只见上面只写了两行字：每天散步两个小时；每周保证有至少半天的时间去一趟墓地。

对此，病人怎样也无法理解，甚至对老中医的不负责任有些生气。他又返回诊室，质问那位医生。

"之所以让你去墓地，"老中医不紧不慢地解释，"是因为我希望你四处走一走，看望一下那些与世长辞的人。他们生前也曾跟你一样，认为全世界的事情都得打包扛在肩上，如今他们却全都长眠于黄土之中。你要知道，有一天你也会加入他们的行列，但是地球不会因为你的消失而停止转动，而其他人则像你现在一样继续工作。所以，我建议你站在墓地前好好想一想这些摆在眼前的事实。"

至此，这位企业家恍然大悟。他依照医生的指示，放缓生活的步调，并且转移一部分职责，从此获得了心灵上的平和与安宁，生活渐趋平缓，事业仍然保持蒸蒸日上。

　　有很多人都会或多或少地存在着这样一种心态：对自身缺乏全面而客观的认识，过分标榜某种能力，随意夸大自身能量，对凡事大包大揽。追求"事事通"的结果，往往只能是"事事空"。因为，在设定了纷繁复杂的行动目标的同时，也就忘记了自己最初上路的目标。

　　追求梦想本是一件极有魅力的事情，但请记住，你只是一个和芸芸众生一样再普通不过的人，凡事不可苛求。与人无争，与己有求，但并无奢望。如此，便可放下许多的事情，让每天的生活闲不住，也累不着。剔除冗繁后，沉淀下来的往往是最简单却又最本初而真挚的。人生所要，不过是清清淡淡一碗饭，真真切切一路情。在此过程中，怀着心无旁骛的淡定，很多事情便自然水到渠成了。

第六章
简单是一种心无旁骛的成功方式

人们在做出一项决策或付出某些努力之前,总是下意识地权衡利害得失,这本是人之常情,无可厚非。但有些人却过于患得患失,或纠结于事情的结果,或斤斤计较于可能付出的代价,从而失去了诸多良机,或使本应充满快乐的过程背上了沉重而痛苦的包袱。

一个心中有坚定信念的人,一个有明确目标的人,他会心无旁骛,并善于将可能引起忧思苦恼及妨碍行进的事物统统丢掉,不让它干扰自己的身心和脚步。当向顶峰迈开第一步的时候,就已经进入了成功的过程,生命的全部内容从此展开。

简单从目标中来

世界著名成功学大师拿破仑·希尔说:"没有目标的人注定一辈子为有明确目标的人工作。"这就好比一个人的头上缺少一颗启明星,即使抬头仰望，也是漆黑迷茫。

　　成功，在一开始仅仅是一种选择，选择越简单明了，对行动力的指导性越强。明确的人生目标是一种持久的热望，是一种深藏于心底的潜意识。每当想到这种强烈的愿望，我们就会产生一种心无旁骛的笃定动力，长时间地调动着我们的创造激情。简单明了的目标就象一个看得见的靶子，在我们一步一个脚印地向其逼近时，就会积累出越来越多的成就感，沉淀出越来越厚的平实心。

　　对于生活而言，简单源自于少管闲事；而对于成功来说，如果不甘做平庸之辈，就必须要有一个明确的追求目标。就象领航的灯塔一样，会引领人生的航船驶向胜利的彼岸。如果没有人生的目标，正如船只没有灯塔领航，就不可能掌握正确的航向。

　　当一个人心中有了目标，他就会有奋进的勇气，永远不会迷失自己的方向。一个目标实现后，接着实现另一个目标，不断地前进与接受挑战。过去的梦想实现后，又抱着新的梦想，不断地向更大的目标努力迈进。

　　一个看似有趣的故事，从反面说明了：如果在心中没有确定自己所希望的明确目标，只会让事情变得事倍功半。

　　大学毕业前夕，给同学们上最后一堂课的是全系社会经验最为丰富的一位老教授。整堂课，他只和同学们讨论了一道题："如果你上山砍柴的时候看到两棵树，一棵很粗，但另一棵很细，你会砍哪一棵呢？"

　　问题一出，坐在底下的同学们大都有些失望：太简单了吧？于是，传来一个同学懒散的声音："当然是砍粗的那棵了。"

　　教授狡黠一笑："那么，如果那棵粗的不过是一棵普通的杨树，而细的则是名贵的红松，你们会砍哪棵？"

　　大家想都不想就回答了："当然砍红松了，杨树再粗也不值钱！"

教授依然含笑不语，不紧不慢地又问："那如果杨树是笔直的，而那棵红松却已经有些歪斜了，你们会砍哪一棵？"

看着教授高深莫测的微笑，同学们疑惑起来，也搞不懂教授的葫芦里卖的到底是什么药，就顺着他所给的条件出发，说："那就砍杨树吧，红松弯弯曲曲的，什么都做不了！"

这时，教授追着同学们的话音问："杨树虽然笔直，可由于年头太多，中间大多空了，这时候你们会砍哪一棵呢？"

至此，同学们已被教授搞得晕头转向了。终于有人问："教授，您问来问去的，让我们一会儿砍杨树，一会儿砍红松，选择总是随着您的条件增多而变化。您到底想测试什么呢？"

老教授这时才慢慢收起笑容，对坐在底下的同学们说："你们怎么就没问问自己，到底为什么要砍树呢？你们当然不会无缘无故提着斧头上山砍树了！虽然我的条件不断变化，可是最终结果取决于你们最初的动机。如果想要取柴，你就砍杨树；想做工艺品，就砍红松。"

听完这番话，同学们心中似乎都有所感悟，可一时又抓不住什么。

教授看着这些即将毕业的学子们，语重心长地说："这是你们大学里的最后一堂课。卖了这么多关子，我只是想告诉你们，进入社会之后，当许多事摆在眼前，你们便很容易闷头去做那些事，往往在各种变数中淡忘了初衷，就常常会做些没有意义的事。一个人，只有在心中先有了目标，先有了目的，做事的时候才不会被各种条件和现象所迷惑，才不会偏离正轨。"

的确，我们在现实生活中经常能看到这样的情况。很多人做事有时候真的会漫无目的，只是为了做事而做事，为了填充心中的空虚和恐慌而忙碌。到头来，时间过去了，精力付出了，却没有得到很好的效果，甚至还把事情越弄越复杂。

石油大王洛克菲勒说过：奋斗者要想成功，最重要的因素是目标的选择。目标既是我们成功的起点，也是衡量是否成功的尺度。当人们的行动有了简单明了的目标时，就可以把自己的行动与目标不断加以对照，清楚地知道自己的行进速度与目标相距的距离。如此，我们做事的动机就会得到维持和加强，排除一切杂念，心无旁骛地付诸所有的努力去逼近那个既定目标。

目标感决定方向感，目标明了，方向才能清晰，做起事来自然就会感到简单不少。

哈佛大学有一个非常著名的关于目标对人生影响的跟踪调查，对象是一群智力、学历、环境等条件差不多的青年。调查结果发现：27%的人没有目标；60%的人目标模糊；10%的人有清晰但比较短期的目标；3%的人有清晰且长期的目标。

25年后，当哈佛大学再次对这批学生进行了跟踪调查后发现，他们的生活状况及分布现象是十分有意思的：那些占3%有清晰且长期目标者，25年来几乎都不曾更改过自己的人生目标，他们始终朝着同一个方向不懈地努力，几乎都成了社会各界的顶尖人士。他们中不乏白手起家的创业者、行业领袖、社会精英。

那些占10%有清晰而短期的目标者，大都生活在社会的中上层。他们的共同特点是：那些短期目标不断被实现，生活状态稳步上升，成为各行各业不可缺少的专业人士。如医生、律师、工程师、高级主管等。

其中占60%的目标模糊者，几乎都生活在社会的中下层面，他们能安稳地生活与工作，但都没有什么特别的成绩。

剩下的27%是那些25年来都没有目标的人群，他们几乎都生活在社会的最底层。他们的生活没有着落，常常失业，靠社会救济，并且常常都在抱怨他人、抱怨社会、抱怨世界。

　　成功与幸福，来自于目标的确立与实现。有了目标，有了追求的方向，一切才会变得简单、明晰，成功也就变得可以期待了。

宁静，成功才会来敲门

　　"君子之行，静以修身，俭以养德。非淡泊无以明志，非宁静无以致远。"诸葛亮在《诫子书》中第一次把"宁静"用以修身，意在告诫后人，只有宁静才能够修养身心，静思反省。内心不能够沉静下来，则无法有效地计划未来。

　　一个人要想成就一番远大的事业，做到真正意义上的成功，就必须谨记这句话，特别是当今社会中一些年轻气盛者。只有秉持着一种沉潜于海底的浩然宁静之气，才能引领我们走向成功的第一道门。

　　一位读了万卷书，又准备行万里路的青年问一位智者："我该带什么上路？"

　　智者反问青年："你心目中的人生应该拥有什么？"

　　沉思片刻，青年列出了一张清单：健康、才能、美丽、爱情、荣誉、财富……青年颇为得意地让智者过目。

　　谁料，智者不以为然："你忽略了最重要的一项，没有它，你得到的上述种种则会经常给你带来痛苦的折磨。"

　　青年又惊讶又好奇，更加虚心求教于智者。

　　智者用笔慢慢地写下：心灵的宁静。

心灵的宁静是一种超然的境界。正如一位哲人所说："把尘世的礼物堆积到愚人的脚下，我只要赐给我不受烦扰的心灵！"显然，他是把拥有宁静的内心世界当作上苍对自己的最好赏赐。事实也的确如此。即便我们获得了世界的一切，却失去了平安、宁静的心灵，对于我们自己又有什么益处呢？现实生活告诉人们，有了宁静，才有专心，才有深思，才有精研，也才有收获。

　　只要稍微留意一下就会发现，我们身边存在这样一种现象：当我们越是迫切地想得到一样东西的时候，就越是得不到。当爱上一个人的时候，也许因为过于喜欢，便飞蛾扑火地去追求，结果这不顾一切的阵势往往吓跑了对方；当我们疯狂地想得到成功的时候，也会被过于炙热的欲望蒙蔽了眼耳，听不到成功敲门的声音。

　　"心静自然凉"，这句古语是很有道理的。一旦放慢了内在混乱状态的活动速度，外在的生活自然也就慢下来了。让浮躁的心情沉寂下来，让焦虑的头脑安静下来，让纷杂的思绪舒缓下来，心如止水，排除一切杂念，精力绝对集中，让周围一切变得虚无，这便是思考问题的最高境界。

　　在这个充满了浮躁气息的世界里，宁静就像是一泓温润的湖泊，化成雨，飘洒在人的心里，成为洗涤心灵尘埃的清泉。宁静，才能听到花开、雪落的声音。守住一颗宁静的心，即使再向前延伸的远方，也会诞生一种成功的奇迹。

　　著名的俄国科学家门捷列夫，在研究元素周期表的排列时，总是把自己关在屋里，不许任何人打扰，只有在需要帮助时才会拉铃召唤仆人。就在这样的"身心俱静"中度过了数千个日日夜夜，在一次睡梦中，他终于找到了元素周期表的排列方法。

　　法国著名思想家卢梭在1756年至1762年，离开巴黎来到蒙莫朗西，度过了几年远离城市喧嚣的乡间生活,然而这却是其思想大放异彩的辉煌时期。他的创作力在此期间特别旺盛,出版了三部极为重要的作品:《新爱罗伊丝》《社会契约论》和《爱弥儿》。

19世纪美国著名作家梭罗,哈佛大学毕业后来到波士顿市郊。对大自然的迷恋使他经常陷入对世界的沉思和冥想之中,在垦荒种地和渔猎的间隙里,完成了伟大的文学巨著《瓦尔登湖》,他也因此成为世界级的文学巨匠。

中国的第一大隐士陶渊明官场失意后,一如既往地选择了劳苦耕作,钟情于自然,寄情于山水。日出而作,日落而息,在举手投足之间追求着心灵的宁静,并写下了《桃花源记》等大量传世之作。

我国古代文艺理论家刘勰在24岁左右就离开家庭进入寺庙,一住就是十几年,这是他人生中极为平淡而安静的时期。在这期间他潜思默想,写出了博大精深的《文心雕龙》,赢得了千百年来世界性的声誉。

《红楼梦》的作者曹雪芹在家道中落之后,住所由北京城内迁移至西郊香山脚下,过起了家徒四壁、食不果腹的清贫生活。在这里,他用十年的生命,为自己营造了一个宁静的精神家园,为我们铸就了一座仰之弥高的文学奇峰。

还有太多这样的例子,举不胜举。古今中外,大凡治学有为和事业有成者,无不是与宁静相伴。正是他们追求宁静的心境,经过修炼才能实现其伟大志向和崇高目标。《大学》有云:"知止而后有定,定而后能静,静而后能安,安而后能虑,虑而后能得。"很多时候,我们一直都在苦苦追寻成功的足迹,奋力捕捉机遇的灵光。但成功敲门的声音往往是轻巧的,只有怀着一颗浮华散尽之后的宁静之心,才能听得见成功的召唤。

然而另一方面,宁静并不是让我们离群索居,躲到荒山野林或孤岛上。真正的宁静来自于内心。我们没有必要刻意去做闲云野鹤,重要的是心灵的静若止水。有一句话说得好:"宁静是一种境界。如果你不能改变环境,那么就改变自己的心境吧。"努力让自己在喧嚣中追求宁静,让渴望宁静的心徜徉在音乐的世界里,或是漫步在人文大师们的文字花园中,或是把自己的经历和感受诉诸笔端。心无旁骛、简单笃定,自然会有水到渠成的结果。

宁静是纯洁的。它以安静隐去了人世间的喧哗和丑陋,赐给人以静之美、静之馨、静之醉,而追求宁静,则是一种气质、一种修养、一种境界、一种充满内涵的悠远。安之若素,便可以在从容中品味过程的美好,在宁静中感受成功的自然。

但求耕耘,莫问收获

清朝名臣曾国藩曾教育子女说:"莫问收获,只问耕耘。"这是一种极其平易而纯粹的成事态度。它无不在向后人昭示着这样一个道理:收获是脚踏实地的耕耘所得,任何人的成功都离不开背后无数的辛酸与血泪。

农人之所以称为农人,或者说他们的价值,不是因为他的收获多寡,而是因为他们辛勤的耕耘。尽全力,拼过程;扎实基础,但求耕耘。心中恒定着一个目标,便再无杂念地为之努力。这不仅让我们在付出的过程中收获了一种单纯而明净的快乐,而且自然也就形成了水到渠成的局面。

"我作为一名中国的科技工作者,活着的目的就是为人民服务。"钱学森用他的一生,实践着这个平凡而伟大的诺言。

钱学森是世界知名科学家,也是我国著名科学家。但他对中国院士和外国院士这些荣誉称号却看得十分淡漠。20世纪80年代,美国科学院和美国工程院曾先后邀请他去美国，拟授予他美国科学院院士和美国工程院院士称号，均被他谢绝了。

钱学森在青年时代就怀着学以致用、报效祖国之志出国留学，而当真正学有成就，蜚声海外时，钱学森便奋力争取回国。

回国以后，他勤奋工作，将自己学到的所有知识、智慧无私地奉献给了祖国和人民，他甚至将个人一生所得的几笔较大收入，或作为党费上交组织，或全部捐给祖国社会主义建设最需要的地方。

耄耋之年的钱学森虽长期卧床静养，但仍旧时常思考一些国家建设中的大事。面对国家给予的诸多荣誉，他或者请辞，或者婉拒。并时常感叹"自己对祖国人民做得太少，而人民给予的太多了"。

只有心中纯明而无所杂念的人，才会但求耕耘，不问收获。因为他们都是极其简单的人，简单到只有一个想法——我有一片土壤，一个梦，然后便心无旁骛，不管挥汗如雨，或疾病困苦，只是始终如一地去耕耘。

其实想想，我们自己不就像是个农人吗？每一分辛劳，都是一种耕耘，而生活就是一方农田，随着年轮的增加，一春一秋的更迭，这方田里或减产或丰收，也直接决定了我们收获的快乐和幸福。

并不是到了应该收获的秋天时就一定能看到每家每户的"农家乐"。如果天公不作美，或旱或涝或虫或雹，这几种天灾，任何一种都会让"面朝黄土背朝天"的劳作成果化作泡影。同样，也并不是每一位农人的收获都是丰硕的，也许他付出的耕耘并不一定比旁人少。但收获这东西，是可遇而不可求的。总不能因为一朝一夕的收获，就抛弃耕耘了大半辈子的农田。

天道酬勤，只有不断地去耕耘，让农田感受到你的付出，那颗颗种子才能更有力地破土而出。

在希腊神话中，有一个叫西西弗斯的人物。他因犯了天条而受到天帝宙斯的惩罚，让他把一块石头推到山顶。但让人感到悲情的就在于，石头到了山顶后，自动就会滚到山脚。西西弗斯便不得不再到山脚把石头推到山顶，就这样日复一日，年复一年。

起初，西西弗斯每天不停地推着石头，痛苦不堪。但是有一天，西西弗斯豁然开朗，感到一切都变得那么美好。他发现，在他推石头的过程中，他推过了世间最美丽的风景：推过了春夏秋冬，推过了风花雪月，推过了蓝天白云，推过了电闪雷鸣。天上的飞鸟为他唱歌，地上的走兽为他舞蹈；微风为他送来花草的芬芳，雨水给他带来泥土的清香。

久而久之，西西弗斯推出了勇气和耐力，推出了胸怀和智慧。更重要的是，他感到自己推出了生命活在过程中的真谛。

在漫漫人生路中，无非只有两大内容：生命不同阶段的目标和走向这些目标的过程。目标固然十分重要，它确立了生命的方向。但走向目标的过程更加弥足珍贵，因为，所有生命的精彩都是在过程之中走出来的。我们所能够真正体验到的永远是一时一刻的感动，一草一木的芳香，或对一人一事刻骨铭心的记忆。

人们在做出一项决策或付出某些努力之前，总喜欢权衡利害得失，这本是人之常情，无可厚非。但有些人却过于患得患失，或纠结于事情的结果，或斤斤计较于可能付出的代价，这就不免错失很多良机，或者使本应快乐充实的奋斗过程背上了沉重而痛苦的包袱。"不播春风，难得夏雨"。倘若总问收成，不事耕耘，结果只能是空无一物。

其实，人生无需太多的瞻前想后、斤斤计较；当向顶峰迈开第一步的时候，我们就已经进入了生命的过程，生活的全部内容从此展开。"山不问高，仍然傲然挺立，巍耸入天；河不问长，仍然奔流到海，不舍昼夜"。这就是一种心无旁骛的简单。积之久矣，自然便会水到渠成。

战胜恐惧,就要直面它

生活在北美洲的印第安人有一句谚语:"不正面面对恐惧,就得一生一世躲着它。"对危险的惧怕往往要比危险本身更可怕。如果我们无法从内心真正克服恐惧,那么这个阴影就会一直跟着我们,变成一种怎么也无法逃脱的遗憾。

人们往往因为自身的弱小而产生恐惧,进而想用强烈的占有去填补;恐惧越深,欲望越强。但实际上,由此而获得的安全感须臾而逝,远不能抵挡住那种源自内心的恐惧感。因为,占有之后人们就开始担心失去,占有越多,担心失去的也越多,于是,更大的恐惧随之而来。如此说来,只有不断强大自己的内心,直面恐惧,才会获得永久澄净的安宁。

如果把人的全部恐惧当成一棵树的话,其他所有的恐惧只是树干、树枝、树叶,或者是树皮,而人类对死亡的恐惧就是树根。可以说,我们所有的恐惧其实都是从对死的恐惧中派生出来的。没有人能提前试验一次死亡,而不能实现的恐惧往往都是挥之不去的。所以,当死亡的事实真正来临的时候,人们终于到达了恐惧的根源与极致。所谓物极必反,这时候人的内心反而慢慢渐趋祥和安宁了。进而,人们也就无需通过占有去抵挡内心的不安了。

生活中有些人经常对某件事情充满了虚假的恐惧,就是俗话说的"自己吓自己"。比如,没有骑过车的人害怕骑车,不会游泳的人害怕下水,然后,便在自己的脑海中不断地臆想出许多危险的后果,仿佛身临其境。无论旁人怎样的安慰与规劝，都无法让他们心中虚假的恐惧得到释怀。

其实，克服恐惧最好的办法就是直面它，具体来说，即让当事者逐渐地亲身体验恐惧，直至最后能发自内心地克服掉。来看看这位资深滑雪教练的授课心得：

"在我教人滑雪的时候，有很多从未穿过滑雪板的人总是害怕从高坡上冲下去时，由于速度过快而无法停下来，或是害怕由此而摔倒。他们总是把自己对滑雪的想象一遍又一遍地在头脑中强化，进而形成对滑雪的恐惧，最终，就真的不敢滑了。

"而在这个时候，我一般帮人克服恐惧的方法就是，由我亲身实践他们的恐惧，并要求初学者观看实践的过程。也就是说，如果有人害怕速度太快而停不住，那么我就会演示在怎样的情况下是无法停下来的，然后再演示怎样做就会停住。"

这样通过旁人演示而重现恐惧，我们就能逐渐感受到恐惧其实只是我们自费花尽心思而编织的。事实上，那个事物本身本没有我们想得那么复杂。尽可能地让自己有实际体验的感觉，只有实际体验才能改变人的思维，这也就是常说的"直接面对"。

大多数时候，人们的恐惧是因为自身的弱小而产生的。因为弱小，就会让人感到不安全，觉得自己的利益得不到可靠的保护。而利益是自身的一层保护膜，利益得不到保护，自身也就会感到不安全，并进一步产生恐惧。

所以，人们便想出了一种逃避的做法，希冀着可以变相地掩盖掉恐惧——这就体现在人们强烈的占有欲上。占有更多的权利、更多的名誉、更多的金钱、更多的资源，恐惧越深，欲望越强。一旦占有的目的达到了，就会获得一种自认为安全的笼罩。

可悲的是，这种用逃避来抵挡源自内心恐惧的方法只是暂时的，因为，占有之后人们便开始担心失去，占有的越多，担心失去的也就越多，于是，更大的恐惧随之而来。

可见，恐惧是我们生命中的不速之客，时时刻刻盘踞心头，每当外在环境微起波澜，它就迅即渗透到我们的意识当中。通常，我们想排挤它，赶走它，或者麻痹自我而忽略它的存在。然而，恐惧始终潜伏着，如同死神从来没有因为人们不愿触及就自动隐退一样。

所以，逃避恐惧并不能把它消灭；只有直面恐惧，我们才有机会将其打败。如果我们用"无畏"的态度来观察恐惧，可以看得出它的双重面孔：因为害怕不已，我们麻痹瘫痪；因为心怀畏惧，我们积极迎战。危难当头，恐惧往往是一个信号或警告，激励着人们打败它。我们能做到也是必须做到的就是：正视自己，增强信心，坚信自己有能力在任何时候，沉着地面对任何事情——这是一种内心的强大。

当培养出一颗宠辱不惊、临危不乱的泰然之心时，除了那份追求的终极信仰外，再没有任何闲杂嘈扰可以让我们精神动乱。那时，我们便感到越来越能把握住自己的命运，如此，在任何时候都敢于和恐惧对视，正面迎接，从而战胜并达到祥和的永恒。

做一个忘掉失败的人

沃尔玛前 CEO 戴维·格拉斯在评说沃尔玛创始人山姆·沃尔顿时曾说："山姆有件事真的与众不同，那就是他不怕犯错，不怕把事情搞得乱七八糟。到明天早上，他又会转移到新目标上，从不浪费时间去回顾过去。"

失败时常有，但人们不能沉沦于失败的打击中一蹶不振，无法自拔。如果不能从失败的痛苦阴影中走出，那么也许将永远没有重新开始奋斗的勇气。面对失败时保持良好的心态，其实很简单，它只是让我们排除了又一个不成功的原因。忘掉失败、敢于向前的人，必是胸怀笃定之心。不给自己负重，既是最简单也是离成功最近的方式。

英国《泰晤士报》前总编辑哈罗德·埃文斯一生中曾经历过无数次失败，其中包括他在20世纪80年代中期对《泰晤士报》进行改革的失败。但他却从未在失败中沉沦。对于失败，他曾经说过这样一段话：

"对我来说，一个人是否会在失败中沉沦，主要取决于他是否能够把握自己的失败。每个人或多或少都经历过失败，因而失败是一件十分正常的事情。你想要取得成功，就必得以失败为阶梯。换言之，成功包含着失败。关于失败，我想说的唯一的一句话就是：失败是有价值的。因此，面对失败，正确的做法是：首先要勇于正视失败，找出失败的真正原因，树立战胜失败的信心，然后便忘掉关于过去失败的一切，以坚强的意志鼓励自己一步步走出阴影，走向辉煌。"

这个世界上没有人不曾失败过，不是一些人，也不是大多数人，而是每一个人都体会过失败的痛苦与挣扎。本田公司创始人本田在他的传记中就曾这样写道："我的人生就是失败的连续。"

然而世事茫茫，人与人之间的差距就在于面对失败时的心态。要记得，正如成功一样，任何一次失败都只是暂时的，不要让过去式的无法改变影响到我们明天的生活。

被称为"领导力大师"的沃伦·本尼斯在撰写其最负盛名的著作《领导者》时发现，无论是政府、民间还是非营利领域的领导人，他们都有三四个共同的特性，其中之一便是：每个人都曾犯过严重的错误，然后反败为胜。想来，是失败使他们看清了在通往目标的道路上必须加以征服并超越自我，每一次失败后的重生就是为了最终的胜利而排除了又一个否定的因素。

不能忘掉失败，就如同摔倒了不是拍拍尘土继续前行，而是站在原地怨恨眼前的绊脚石，并长久地因为疼痛而不敢再迈步，正所谓一朝被蛇咬十年怕井绳。他们把败局看得很复杂，前思后想地反复琢磨，无形中让失败时沉重的心理阴影一次又一次地遮盖住未来的天空，从而在潜意识里，就真的牵引着他们不知不觉地重复着失败的老路。

曾经震惊世界的"水门事件"是美国历史上最不光彩的政治丑闻之一，它就是美国前总统尼克松在过去失败阴影的纠缠下做出的蠢事。

在1972年竞选连任时，尼克松原本在阅历和声望等方面都远远超出了对手，占据胜利的绝对优势。但由于曾经历过几次刻骨铭心的失败，心里有了很浓重的阴影，使他极度害怕再次出现失败。

在这种潜意识的驱使下，1972年6月17日，为了取得民主党内部竞选策略的情报，以美国共和党尼克松竞选班子的首席安全问题顾问詹姆斯·麦科德为首的五人闯入了位于华盛顿水门大厦的民主党全国委员会办公室，在安装窃听器并偷拍有关文件时，当场被捕。

事发后他又连连阻碍调查，推卸责任，终于在1974年8月8日宣布将于次日辞职，从而成为美国历史上首位辞职的总统。

失败是一件无可奈何的事情，但最不幸的还不是失败，而是受到它的阴影影响，莫名其妙地走入厄运的循环，如同身附某种无法摆脱的魔咒。而这种魔咒的力量其实就来自于我们自己内心深处不安的心魔，一味地在失败的回忆中徘徊，就注定了我们必将在里面扑空。只有忘却失败的痛苦，才有力量重新鼓起奋斗的勇气。

忽略过去，当作什么也没有发生过，是因为我们内心有着笃定而唯一的目标。我们眼中只有两个点：现在自己所处的位置和最终的那个目的地，如此简单而已。两点之间直线最短，排除一切烦扰，这其中就包括过去失败的杂念。只要从中认真总结经验教训，尽量避免在今后犯同样的错误，那么未来的辉煌就从来不曾离我们远去。如此，在重新起步的同时，也让我们享受到了最轻松的行进过程。

"技巧"导致的失败

《论语·雍也》："有澹台灭明者，行不由径。"这句话是子游在向孔子夸奖一个叫澹台灭明的人，说他走路从来不抄近路。后被世人延伸开来，也用来形容一个人办事勤恳踏实，并不投机取巧。

技巧本无褒贬之意，只是在如今过分追求效率的时代中，被人们赋予了太多急功近利的色彩。技巧若是建立在勤奋刻苦的基础上，不失为锦上添花的点睛之笔；但若悬于激进浮躁的空气中，只能是加速失败的导火索。

人之初时，所有的捷径之路尚未可知，我们心中只有一个简单的想法：踏踏实实，一步一个脚印，才能连成一条通往目的地的路。而后，不断地发现了 A 技巧、B 攻略，从此便浮尘攘攘、不安于心，恐怕掌握更多技巧的同伴会因此超过了我们。

于是，那些简单的方法被我们认为是笨拙而低效的，我们开始一头扎进钻营技巧的浮海中。用演算和推理徒生出许多新的逻辑，把前方的路缠绕得越来越难以行走，在乱如麻的循环中迷失了自我，负累了心灵。

你看，生活中处处都有这样自作聪明的实例。

在备考雅思英语时，他没有把主要精力投放在学习内容本身上，而花了大量的时间和精力去搜集历年考题，仔细对比分析，研究所谓的解题方法和技巧，试图从中总结出一些出题规律。除此之外，他还订阅了十几本英语考试的刊物，不放过任何一篇带有"技巧"和"攻略"的文章。

终于到了上"战场"的时候。考场上，他发现由于自己连最基本的词汇量都不够，导致了甚至一篇完整的阅读文章都无法顺利读完。结果自然不言而喻。

语言的运用是一种技能，但这种技能不单单只是专靠技巧能够获得的。没有单词的积累就看不懂句子；无法准确理解句子，整篇文章的意思自然也就会出现偏差。这不禁让人想起了那句"不积跬步，无以至千里；不积小流，无以成江海"的古训。方法和技巧只能适当利用，并且要从亲身的学习实践中摸索出来，才能起到锦上添花的作用。

成功就像是练武术，如果没有扎实的基本功，不踏踏实实地将事情做到位，再多的花拳绣腿都是不堪一击的虚招。

有些人并不是"先天不足"，相反，往往还具有比一般人更多的天赋，但最终的结果仍然是失败。其中一个重要的原因就在于，他们习惯了投机取巧，不愿意付出与成功相应的努力。他们希望到达辉煌的巅峰，却不愿意经过艰难的道路；他们渴望取得胜利，却不愿意付出辛苦的努力。

这个世界上，没有任何事物可以忽略其中的过程而一跃成功的，这是大自然中最简单的道理，却往往被我们所忽略。

从前，有一个非常喜欢生物的小男孩，很想知道蛹是如何破茧成蝶的。可是蝴蝶倒是看见的不少，但蛹却很少见。

有一次，他终于在草丛中发现了一只蛹，便将其带回了家，日日观察。

几天以后，蛹出现了一条裂痕，里面的蝴蝶开始挣扎，想抓破蛹壳飞出去。艰辛的过程达数小时之久，蝴蝶仍在蛹壳里辛苦地挣扎，那对翅膀怎么也扑棱不出来。

小男孩看着蝴蝶这么痛苦，有些不忍心，很想帮帮它。于是他找来剪刀，将蛹壳剪开，里面的小蝴蝶瞬间就破蛹而出了。

但让小男孩万万没有想到的是，那只小蝴蝶毫不费力地从蛹壳出来后，因为没有经过破茧而出的锻炼，翅膀的力量太薄弱，以致根本飞不起来，不久，它便痛苦地死去了。

破茧成蝶的过程原本就非常痛苦，然而同时，只有经历了这一艰辛的过程，才能换来日后的翩翩起舞。所谓的帮助反而让爱变成了害，最终让蝴蝶悲惨地死去。捷径也许能让我们获利一时，但从长远来看，却在心灵深处埋下了不可预知的隐患。

只有经过厚实的积累，一步一步登上的巅峰才会站得稳、站得久。

古罗马人有两座圣殿：一座是勤奋的圣殿；另一座是荣誉的圣殿。他们在安排座位时有一个秩序：必须经过前者，才能达到后者。

勤奋是通往荣誉的必经之路，如此深入浅出的道理，我们每一个人都应该谨记。那些试图绕过勤奋、寻找荣誉的人，总是被排斥在荣誉的大门之外。

技巧终归只是虚招，一味地钻营技巧反而会使本来至简朴素的方法变得复杂纷繁，反而让我们劳心劳神。真金才会不怕火炼，实力才是根本。技巧是永远无法代替脚踏实地的，过于重视技巧而忽视本分，即使获取一时的成功，最终也必将导致另一种形式的失败。

下篇

简单,是一种修炼

世界变得复杂，是因为你变得复杂；你简单了，世界就变得简单。不自寻烦恼，不无事生非，不受名利诱惑，不偏不倚，不贪不恋，去除所有的外物繁杂，蓦然回首，心也简单，人亦清明。

第七章
根除烦恼,坏情绪是一味毒药

没有人愿意欣赏你抑郁的脸

布兰达是巴黎话剧团的知名喜剧演员,在十几岁的时候,他就能将莫里哀的著名喜剧表演得出神入化,令观众捧腹大笑。在日常生活中,他同样是一个幽默开朗的人。

记者参观他的房间时发现,布兰达的盥洗镜旁放了一张与镜子同等大的照片,照片上的布兰达一脸郁闷。布兰达说:"每天起床我都会先看一眼这张照片,告诉自己'没有人愿意欣赏你抑郁的脸',再照镜子的时候,我会努力让自己的表情开朗、朝气,这样别人才能知道我是个快乐的人,而不是倒霉蛋。"

人们常说,"人生如戏"。多数人的人生是一部正剧,悲喜交加,苦辣参半;部分人的人生是一幕悲剧,作茧自缚,惨淡收场;只有极少数人将自己当作喜剧,他们很少会悲观绝望,总是愿意相信未来,相信幸福是人生的本质。即使生活平淡,他们也会用笑脸来装点,愉悦自己鼓励他人,就像故事中的喜剧演员布兰运,每天都对自己说:"没有人愿意欣赏你抑郁的脸。"的确，一张面带微笑的脸，比一张写满失落、不满、悲观的脸更有吸引力。

　　抑郁是常有的情绪，人们常常因为某些原因心灰意懒，做什么事都提不起劲，一旦严重还会发展为抑郁症，需要药物治疗和心理调节。抑郁的人容易食欲不振，睡眠质量差，思考事情时难以集中精力，缺乏行动力和自我调节能力，这些都极大地影响了人们的正常生活。得了抑郁症，就像心灵绑住了链条，做什么事都觉得有压力。

　　现代医学研究发现，很多疾病都与人的心情有密切关系。当一个人长期处于情绪低落状态、生活在抑郁的情绪中，很容易生病，小病成大病。这就是为什么当医生发现一个病人的病情很严重，宁愿选择部分隐瞒，只为病人有一个轻松的心态，有利于病情的控制。医生明白，心情虽然不能决定病情的好坏，却有很大的暗示作用，有时直接影响治疗效果。

　　李杰是上海一家 IT 公司的优秀销售员，最近刚刚辞掉工作，他说他需要一段时间仔细思考自己的人生。

　　对于李杰来说，每天早出晚归的生活让他喘不过气，每天在车站和车站之间奔波，不断对客户施展三寸不烂之舌，思考对手公司的策略。签下合同，刚松一口气，又要忙下一个单子。女朋友抱怨他只顾工作，他只能低声下气地道歉。而今他的事业有了起色，不少公司都对他伸出橄榄枝，猎头们争相给他打电话，他却被日复一日的琐碎弄得低迷不振。

　　毕业的时候，李杰认为凭借自己的能力，一定会有一番辉煌成就。三年后的今天，李杰第一次认为自己应该重新规划人生，他想生活在更充实的氛围中，而不是睁开眼就面对一连串的抑郁。

　　大仲马说，人生就是由烦恼组成的一串念珠。像李杰一样，现代人经常为生活中的琐事烦恼。佛家规定念珠有 108 颗，人生的烦恼远比 108 要多得多，人们数一遍，还要数第二遍、第三遍，难怪李杰这样的人会陷入忧愁。他们认为人生只有烦恼，为生活烦恼、为事业烦恼、为恋爱烦恼……他们看到了念珠数目繁多，却没看到这些珠子能够被心志磨砺为圆润光滑，很容易就在眼前手间溜过。

抑郁还有另一个说法："自己和自己过不去。"喜欢为难自己的人总有办法把生活想复杂，把困难扩大，把失望加深，这种负面的心理暗示会让一个人的情绪越来越不稳定，也会影响他周围的人，让其他人也跟着厌烦、跟着纠结，甚至跟着绝望。人们常说："那个人整天拉着脸，像谁欠了他几百万。"抑郁的人像个债权人，好像全世界都欠了他似的。而对于周围的人来说，他们并不喜欢身边有个债主，他们更希望身边有个满脸微笑的人，让他们能够放松，不必整天小心翼翼，生怕产生矛盾。

舍弃抑郁看似困难，其实所有的抑郁都因为"想不开"，抑郁的人让思维钻进牛角尖，看不到事情的全貌，不去想事情可能很简单，失望里也有希望。他们不会努力发掘事情积极的一面，当然也就看不到解决的可能。有时候，他们甚至会把正常的事看作烦恼的来源。比如，当大家都在为工作奔波时，抑郁的人认为工作是种压迫，限制了自己的才能，掠夺了自己的劳动力。当他们苦苦思索如何摆脱这种压迫时，那些积极努力的人已经升职加薪，把工作变成了事业。由此看来，抑郁百无一用。

一位社会学家对长寿问题进行调查，发现性格是否开朗与寿命长短有直接关系，调查结果显示，长寿老人中80%以上性格乐观，很少有孤僻者。的确，在公园里看到的那些长寿老人，养鸟钓鱼，喝茶下棋，练气功排舞蹈，每个人都有张怡然自得的笑脸。他们的人生也许并不是那么不顺心，但他们懂得，比起一个人坐在昏暗的屋子里发愁，尽情享受有限的生命，才是人生的真谛。

愤怒的时候，你更需要冷静

莎士比亚的名著《奥赛罗》讲述了一个关于愤怒的悲剧。

奥赛罗是一位战功卓越的将军，他有一个美丽善良的妻子苔丝狄蒙娜，夫妻恩爱。有个叫伊阿古的人嫉妒奥赛罗，假意成为奥赛罗的好朋友，却在找机会想要除掉奥赛罗。他挑拨奥赛罗和妻子的感情，诬陷苔丝狄蒙娜与人有染。奥赛罗在伪造的证据前怒不可遏，冲回家亲手掐死了深爱的妻子。

真相很快大白，奥赛罗抱住妻子的尸体悔恨不已，最后拔剑自刎。

千百年来，《奥赛罗》这部戏剧不断被搬上舞台，观众们憎恨包藏祸心的伊阿古，同情纯洁无辜的苔丝狄蒙娜，对奥赛罗，感情却很复杂。有人理解一个深爱妻子的男人在嫉妒和愤怒之下铸成大错，杀死了心爱的妻子；有人责怪奥赛罗不能克制怒火，为什么要轻信谎言，而不是立刻调查一下事情真相——伊阿古说的只是容易拆穿的谎言；有人哀叹如果奥赛罗愿意听听苔丝狄蒙娜的解释，多一点理智，少一些愤恨，就能知道真相，迎接皆大欢喜的结局。最后所有人都感叹："冲动是魔鬼。"

人在愤怒之下容易盲目，怒火中烧的人没有理智可言，很小的事也会导致一起刑事案件，报纸上曾报道，在一家网吧，几个来上网的大学生正在组队玩网游，因为对 PK 结果不服，其中两人从电脑旁站了起来，恶言相向，最后大打出手，有个人拿出一把水果刀插进另一个人的心脏。受伤的人抢救无效宣告死亡，而杀人的学生也将面临死刑。如果当时有一方能够压下怒火，讲几句道理，或者退一步，让一下，这幕惨剧就不会发生。

为什么人在愤怒的时候特别容易失去理智？因为当一个人的火气被撩拨，全身的细胞都处于亢奋状态，急需一次发泄，这个时候人们就会急不可耐地寻找情绪突破口，没有时间思考"发泄的后果是什么"、"为这件事值得发怒吗"。人们常说"忍不住怒火"，其实是不想忍，不懂怎么忍。不能克制怒气有极其严重的后果，小则肝火上升，影响健康，大则酿成灾祸，所以人们都说"小不忍则乱大谋"。

小何和小王是一对新婚夫妻，小何脾气不好，小王也是父母宠坏的娇娇女，两个人经常爆发争吵，有一次，两个人吵架升级，开始闹离婚。小王一气之下回到家对自己的妈妈说："日子过不下去了，我要和他离婚。"母亲说："亲戚家的孩子今天满月，我要去吃饭，你明天过来，我们详细谈谈这件事。"

第二天，小王怒气冲冲地又回了娘家，对着母亲细述小何的错误。母亲说："你阿姨身体不舒服，我要陪她去医院拿药，你明天过来，我再和你谈这件事。"

第三天是个周末，小王起床时，发现小何正在给自己做早餐，突然觉得小何其实不错，夫妻磕磕碰碰在所难免，用得着离婚吗？这一天，他们和好如初。晚上，小王母亲打来电话问："现在我有空了，我们来谈谈你离婚的事。"小王不好意思地说："没什么大事，妈你就别担心了。"

小王的妈妈是一位人生经验丰富的长者，面对女儿的牢骚抱怨，她没有规劝，当然更不会火上浇油，她采用一种"冷处理"办法，以各种各样的理由把女儿晾在一边，让她自己去考虑、权衡、消化。没过几天，小王的怒火一过，看到丈夫的好处，自然不会再想离婚。不管愤怒的原因是什么，也不管怒气冲天时人们有多少抱怨，当静下心来自己思考，曾经发怒的人都会和小王得出同样的结论——"没什么大事"。

我们发怒的原因大多不是大事，如果纵容自己的怒火，结果倒可能成为一件令所有人不愉快的大事。即使在愤怒的时候，也要用理智划一条警界线，才不会酿成大错，追悔莫及。忍耐的秘诀在于"最初一分钟"，怒火上升时，你需要冷静，再冷静，告诫自己要忍耐，"忍耐一分钟就可以"，竭尽全力忍下最初的一分钟，那么你就可以忍下两分钟、三分钟、五分钟、十分钟……怒火渐渐被理智压制，人的头脑也在这个过程中变得明朗。比起事情的完美解决，一时的气愤又算得了什么？俗语说，忍得一时气，安得百年身。

音乐厅里正在为即将到来的演出排练，也许是天气太热的缘故，演奏者们不时出现失误，让急脾气的指挥越来越烦躁。一次不完美的合奏后，指挥终于开始发火。

指挥首先指责小提琴手弹错一个音，大骂对方是饭桶；大提琴手没有及时领会他的意思，他大叫这个人不配进乐队；鼓手的配合出了问题，他指着鼻子让人家滚蛋……排练席上的音乐家不满地瞪着指挥，火气渐渐酝酿。

看到气氛不对，指挥突然对演奏者们鞠了一躬，歉意地说："对不起，昨天我的孩子高烧进了医院，脾气不好，迁怒于各位，请你们原谅我。"音乐家们正在上升的怒火瞬间被熄灭，继续心平气和地练习曲子了。

故事里的这位指挥同样是个懂得观察的人，当他发现人们的怒火马上就要爆发，立刻管住自己的情绪，向大家道歉，取得他人谅解，消弭了一场风波。我们可以设想一下，倘若这位音乐家不道歉、不和解，他的形象就会在众人心目中大打折扣，乐手们也许会把对他的情绪发泄在演出中，下意识排斥他的指挥，导致整个演出的失败。

面对怒气，不论这怒气来自他人还是来自自己，都要及时察觉，及时制止。发怒的时候，也要争取顾全大局。就像英国哲学家培根所说："无论你如何表示愤怒，都不要做出无法挽回的事。"

人比人气死人，嫉妒让幸福生活失衡

我国经典名著《三国演义》中，吴国大将周瑜的形象深入人心。周瑜年轻有为，有雄才大略，孙策临终对孙权说"内事不决问周瑜，外事不决问张昭"，可见他在吴国的重量。可在小说中，这位大将却因为嫉妒诸葛亮的才智，导致了最后的悲剧。

周瑜几次想谋害诸葛亮，却被诸葛亮用才智化解，每一次失败，都加深了周瑜对诸葛亮的嫉妒。诸葛亮通过借荆州、帮助刘备迎娶孙夫人、识破周瑜夺取荆州的计谋，"三气周瑜"，导致周瑜毒疮发作而亡。这位本该成为吴国支柱的才俊死前长叹："既生瑜，何生亮！"

"既生瑜，何生亮"是《三国演义》里最有名的一句台词。尽管正史中的周瑜与小说中的形象截然不同，既没有嫉妒诸葛亮，也没有说过这句话，但小说中的故事仍然可以给我们以启迪。假设周瑜不因盲目的嫉妒屡次设计谋针对诸葛亮，而是把目光放长远，把精力放在增强吴国国力，不但孙刘联盟可以维持较长时间的和平，齐心对抗曹操，他本人也不致毒发身亡，英年早逝。一位有如此才华的大将因嫉妒之心蒙蔽而失去性命，临死前还在哀叹自己不能赢过对手，真让人无奈，也让人警醒。

同样是嫉妒，战国时期也有一个著名的故事。庞涓和孙膑同跟鬼谷子学习兵法，后来，在魏国做大将军的庞涓嫉妒孙膑的才能，将孙膑骗到魏国陷害孙膑，使孙膑被挖去膝骨成为废人。后来孙膑逃出魏国去了齐国，在马陵之战大败庞涓，使庞涓羞愧自杀。庞涓整日担心孙膑的才华会威胁到自己的地位，一定要除掉孙膑，最后不只孙膑受到了伤害，自己也落得兵败自刎的下场，可见嫉妒害人害己，古往今来，不知多少人因它而走上不归路。

嫉妒是吞噬人心的魔鬼，能够扭曲一个人的心态，让善良的人变得阴险，让理智的人变得盲目，让开朗的人变得阴郁……嫉妒像毒芽一样，一旦生根就很难拔除。而人在嫉妒的支配下，不但令自己坐立不安，眼睛只盯着嫉妒的对象，满脑子都是自己与对方的差距，还容易做出伤害他人的事，给自己和他人带来巨大的损失。

林洁是个心理医生，在一所高校做心理辅导工作。这天，她的姐姐突然告诉她，外甥女小西最近学习状态不对。晚上，林洁去了姐姐家，和小西进行了一番长谈。

最近，正在读高二的小西成绩直线下降，以前总能排到班里前十名，前天的考试只考到第三十名。小西说她每天上学都非常紧张，因为她的好朋友小锦门门功课都很优秀，每次都排在班上前三名，做数学题总是比别人快上几拍，为人又很刻苦。小西每天回家后都会想小锦在做什么，小锦每天学习到几点钟，久而久之，弄得自己心烦意乱，根本无法复习功课。

林洁安慰小西说："嫉妒是每个人都会有的情绪，为什么你不从另一个角度思考这件事？小锦和你是好朋友，好朋友有了成绩，你不应该开心一点吗？小锦和你做好朋友，不也证明你也是个优秀的女孩子吗？有小锦这么聪明的朋友，有什么疑问都可以让她帮助你，不是会更快地提高成绩吗？"

经过林洁的开导，小西冷静下来，很快恢复了平和的心态。一个月以后的月考中，小西的成绩虽然还是没有小锦高，但她一下子从第三十名考到第九名，让老师同学们大吃一惊。

不论孩童还是老人，每个人都有嫉妒之心，嫉妒来源于人与人之间现实的差距，也来源于一个人不健康的心态。小西因为嫉妒自己的好朋友，分散了精力，成绩严重下滑。经过林洁的心理开导，小西重新找回了对自己、对朋友的定位，也重新找回了生活的重心。

哲人说："嫉妒就是拿别人的优点来折磨自己。"现实生活中，看似比我们优越的人比比皆是，我们可能会嫉妒他人的美貌、他人的成绩、他人的幸福家庭……因为自己没能拥有，或者拥有的东西不能使自己满意，只好去嫉妒别人。

其实，每个人都不那么如意，一方面优秀，另一方面就会缺失。一个聋人对邻居说："我真嫉妒你能听到各种各样的声音。"邻居是个盲人，他说："是啊，我也嫉妒你能看到这么多东西。"当你嫉妒别人的时候，别人也正暗暗羡慕你，明白这一点，你还有什么不平衡？

嫉妒根植在人们的内心世界，有人愿意将这种感情转化为羡慕或敬佩，有人则任由它发展为敌视与不平。人一旦被嫉妒蒙蔽双眼，就会忽视现实，总是沉浸在攀比的情绪中。与其嫉妒别人的拥有，不如先在自己身上找一找原因。嫉妒是对他人优越性的敌意，那么他人为什么会比自己优越？自己究竟差在什么地方？只要掌握好嫉妒的限度，嫉妒也可以成为一个成功的契机。当你面对一个优秀的人，不可遏制地心生嫉妒，不妨把这种嫉妒之情化为前进的动力，以那个人为目标，催促自己前进。要相信他人能做到的事，你也一定能做到。

武装自己,你的名字不是脆弱

左宗棠是晚清时期的名臣,当他升为闽浙总督后,位高权重,总有人在他身后说三道四。这时候,左宗棠不但不计较人们的议论,还会主动与那些对他有意见的人开诚布公,解释误会,让更多的人了解他、接受他。但了解他的人都知道,从前的左宗棠并不是这个样子。

年轻时候的左宗棠家里贫困,又因为左宗棠是汉族人,初入官场时经常遭受满族同僚的白眼。面对旁人恶意的非议,左宗棠没有沉默,他从不退让,总在第一时间反击,久而久之,大家都知道这个年轻人不好惹,没有人敢得罪他。在困境中,左宗棠始终守着为人的尊严,才等到了发迹的机会。

孟子说:"富贵不能淫,贫贱不能移,威武不能屈,此之谓大丈夫。"出身贫贱的左宗棠并不因为身份的寒微看轻自己,奉承别人,靠取悦上级、同僚作为晋身的资本。相反,他对轻视他的人做出有力的反击,告诉所有人尊严的力量,然后用真才实干使人信服、敬佩。每个生命都有一个由小到大、由弱到强的过程,当我们还幼小、软弱时,也不能轻视自己,要随时随地维护自己的尊严,只有这样才能战胜困难,赢得他人的尊重。

每个人都有脆弱的时候,脆弱也许来自对自身条件的不自信,也许来自他人的恶意的议论,也许是一次不幸意外的打击,也许来自现实中的一次失败,人在脆弱的时候就会失去意志力,进而否定自我,否定自己长期的努力。成功者和失败者的不同在于，遇到挫折，成功者会追本溯源，一定要找到失败的原因，并加以改正；而失败者则认为一次失败就说明此路不通，再走也是失败，这就是经不起打击的脆弱心态，只有战胜它，才能真正强大起来。

真正的强大是什么？是在困难面前敢于站起来，宣布自己能够成为胜利者，而不是在逆境面前低下头，哭泣着对别人诉说自己的不幸与上天的不公。事实证明，条件不好的人能够战胜自身的心结，通过努力得到成功，那么优秀的人是不是全都拥有强大的自信、在任何时候都能坚强勇敢呢？答案是否定的，事实证明，越是一帆风顺的人越脆弱，因为生活太过平稳，他们经不起风浪和打击，一有风吹草动，就像霜打的茄子。太过脆弱的人甚至会因为一些鸡毛蒜皮的小事儿结束自己的生命。

林宏生长在西北的一个小村，他以优异的成绩考入县内最好的高中，三年里，他的成绩一直名列前茅，所有老师都夸他是个尖子生，以后一定能考进清华北大，他也习惯了每次考试都拿第一。高考后，他忐忑地等待着录取通知书。

可是，几星期过去了，他的同学都拿到了通知书，只有他报考的学校没有任何消息，绝望的林宏跳进了村边的小河，幸好被人救了起来。经过查证，是邮递员将林华的通知书送错了地方。一位一直喜欢林华的老师对林华说："你没出事就是好事，但你要记住，每个人都要经历挫折，如果只因为一次失败便要跳河，有更大失败时你要怎么办？以你现在的心理素质，即使进了大学也很危险。在大学，你的同学是来自全国各地的天之骄子，比你更优秀，你难道还要跳河吗？"

故事里的林宏因为成长道路一帆风顺，没有经过任何打击，也就没有相应的承受能力。没有收到录取通知书，他连去查明真实成绩的勇气都没有，就选择跳河。林宏这样的人有很多，他们看似优秀，看似有才能、有资本，但因为心灵的脆弱，一旦有了挫折，他们的优秀就会风吹云散，支撑不了他们自己的信念，这样的人看似拥有很多东西，其实却一无所有。

每个人都有软弱的理由，每个人都会流眼泪，关键是软弱之后、流泪之后，人们如何自处？是从此一蹶不振，还是奋起直追？有些事值得我们流泪一时，但没有什么值得我们流泪一生，因为生命的意义在于未来，只有真正的弱者才没有勇气面对未来，才会放弃寻找希望。

一条货船和一条废弃的帆船在海上相遇，货船问帆船："你为什么孤零零地漂在海上？"

帆船说："我本来也是一条货船，有一次遇到海上风暴，我被船长船员们遗弃，只能漂在海面上，遇到我的人都以为我是一条破旧不堪的船。"

货船大声说："你为什么这么软弱？难道别人说你是一条破船，你就真的破了吗？现在你就跟着我，回到岸上，自然有人会发现你的所有零件都是崭新的，重新使用你。"

帆船鼓起勇气，跟着货船靠岸，人们对它破旧的外表指指点点，一个贪玩的孩子登上帆船，走了一圈后对人们大叫："这是一艘好船！"

如果帆船一直自暴自弃地在海上漂泊，总有一天它会沉到海底，从此，任何人都不知道它的存在。就像那条靠岸的帆船，对抗脆弱的唯一方法只有武装自己，展示自己的能力，培养坚忍不拔的品质。我们的理想就像漂泊的帆船，如果没有足够的力量，只能被生活的大海吞噬，我们固然能够看到灯塔、遇到顺风，更重要的是当我们处于黑暗与逆境之中，仍要牢牢握紧心灵的罗盘，不偏离我们前进的方向。

一个想要好好生活的人不能是一个弱者，一个渴望成功的人更不能脆弱。人们的成长就是一步步武装自己，让自己的目光变得深沉而强悍，让自己的内心在一次次挫折中变得坚不可摧。不论外界条件如何，不论别人说什么，始终要对自己有正确的认识，要坚持自己定下的目标，唯有如此，才能真正走出一条自己的路，让众人刮目相看。

真正的勇者都是忍者

春秋时期，吴国打败越国，越王勾践看到吴国强大，自己不是对手，决心发愤图强，有朝一日洗刷战败的耻辱。

勾践首先向吴王夫差投降，表示自己愿意成为夫差的奴仆，得到夫差的信任后，勾践回到越国，把一个苦胆放在自己面前，每天都要舔上一舔，提醒自己说："你难道忘记亡国的耻辱了吗？"勾践励精图治，十年之后，终于使越国强大起来，打败了吴国。而勾践每天尝苦胆的故事，成为一个成语——卧薪尝胆，它告诉人们想要成功，必须先要学会忍耐。

越王勾践用十年的时间励精图治，洗刷了战败的耻辱。如果勾践在夫差打败他的时候拼死力争，只能成就一时的英勇之名，不能真正保护自己的国家。如果他从此卑躬屈膝一直当夫差的俘虏，也不过是个有仇不报的弱者。越王勾践知道，忍辱偷生地活下去，虽然会遭受他人的嘲笑，必然要忍受艰辛，但却是唯一一条通向成功的勇者之路。勾践的故事不知激励了多少后人，让他们懂得没有天生的成功者，只有坚忍不拔的努力者。

纵观我们国家的历史，真正的勇敢者都是那些能够忍耐又善于忍耐的人，而那些没有忍耐力的人则走不长久。同样是战败，汉朝时的项羽却选择了完全不同的道路。项羽在垓下中了伏击，逃到乌江。有船夫想要载他渡河，回到故乡江东再图大事，项羽却说他无言面对父老乡亲，拒绝了船夫的帮助，横剑自刎。唐朝诗人杜牧不禁为项羽叹息："胜败兵家事不期，包羞忍耻是男儿。江东子弟多才俊，卷土重来未可知。"对比勾践和项羽，可以看到真正的勇敢不是一时意气，放弃长远的打算做出冲动行为；而是深思熟虑，忍他人所不能忍，最后一举成功。

中国文字里有很多会意字，"忍"字就是其中之一，心字头上一把刀，正是"忍"的真意。不得不承认，忍耐是一种痛苦，人们需要忍下的不只是他人的目光，更重要的是自己的羞耻感，在双重压力下，要保持对未来的信念不是件容易的事，至少不是件快乐的事。但与此同时，忍耐也是一种战胜痛苦的方法，因为忍耐是为了成功，只有成功才能真正将痛苦根除，所以人们说，真正做大事的人都善于忍耐，不懂忍耐的人做不了真正的大事。

战场上，一位将军正在召开军事会议，商议接下来的行军计划。经过几次大战，将军的军队只是偶尔遇到小股败逃的敌军，所有人都认为胜利在望。副将和谋士们都说，敌人已成了强弩之末，只要追击，就能直捣敌军老巢。

将军却说："在战场上，轻敌的一方就会惨败。现在敌方看起来在溃逃，但我们其实一直没有遇到他们的主力部队。溃逃也许是一种假象，敌人早已做好埋伏，他们假装失败，为了吸引我们的大部队追击。依我看，我们必须慎重。"

任凭副将们一再要求出战、谋士们的不停劝说，将军认定："不要急，狐狸总会露出尾巴。"僵持了一天，敌人果然忍耐不住，带着大部队来袭。将军以逸待劳，将敌方一举歼灭。

在战场上，胜利的关键在于主帅的判断，在于主帅能否准确料敌。多数人贪功冒进，看到敌人露出败象，就想带兵上前一举击溃敌军，而故事中的将军却建议大家不要心急,他没有贸然出击,最后,敌军求胜心切带着大军前来,遭到迎头痛击,落得惨败。

忍耐和相时而动都是常胜将军的秘诀,战国时期,秦国大将白起就利用这种心理,在长平打败了赵国的赵括以及他手下的45万大军,让赵国从此一蹶不振,再也不能与秦国争雄。由此可见,忍耐不是勇者的专利,智者同样要善于戒骄戒躁。特别是在决定成败的时刻,忍耐就是一种智慧,多一份沉着就多一份胜算,善于忍耐的人才能笑到最后。

宝剑锋从磨砺出,梅花香自苦寒来。忍耐是对个人心性的一种修炼,一个人在童年时期,心态就像水,可能平静也可能激烈。优秀的人会吸纳各种细小的水流,最后成为大河,奔入大海;平庸的人则会停滞不前,渐渐成为一潭死水,没有活力。那么究竟什么才是促使生命之水前进的动力?答案是忍耐,当面对一座座高山,只有善于忍耐迂回,才能百折不挠,找到突破口——所有成功都需要漫长的努力和漫长的忍耐。

有时候,一分忍耐就是一分收益。生气的时候,忍耐一分钟,能够化解干戈,避免人际纠纷;争论的时候,退上一小步,能够求同存异,少结仇敌,多交朋友;想要做事的时候,三思再后行,能够完善自己的计划,检查自己的疏漏;没有实力的时候,暂时屈服于他人能够为自己争取壮大的时间,等待今后的反击;痛苦的时候,安慰自己忍耐一下,总会有风平浪静、雨过天晴的一天。

自信者，不行也行；自卑者，行也不行

剑桥大学是英国最古老、历史最悠久、学术氛围最为浓厚的大学之一，能够考入剑桥的考生不但需要过人的学识，还需要极强的心理素质。

杰西卡是刚刚考入剑桥商科的新生，在报到前，她最信任的长辈对她说："能够考入剑桥，这件事本身就证明了你的优秀，不论今后遇到什么，希望你像从前一样自信！"

进入剑桥后，杰西卡才明白长辈的用意，剑桥是个优等生云集的学府，在这些人中很容易感觉到自己的弱点，产生了巨大的心理落差，而高强度的功课，教授们密集的授课，还有巨大的学业压力都让杰西卡吃不消，以前她是学校的尖子生，现在她成了班上最差的学生。每当她感觉自己无法通过教授的考核，就会反复拿长辈的话鼓励自己。经过长达一年的努力，杰西卡的各门功课有了起色，渐渐找回了自己曾经的自信。

任何时候，现实总能让人的自信大受打击，因为现实总是不断告诉你："你的能力还远远不够。"杰西卡进入大学后，面临一个多数大学生都会面对的难题：自信心不足。她发现自己一下子从优秀生变为落后生，以前能够考第一，现在总要祈祷自己不要考倒数第一。这种时候，唯一能够证明自己的就是成绩，想要提高成绩，除了努力，还要建立克服困难的自信。

自信与自卑是一个老生常谈的话题，自卑来自于内心深处对自己的不认同，每个人都有自己对人对事的标准，什么是好，什么是坏，谁优秀谁无能，自己不能骗自己，也就看到了差距和不足。于是，生病的人羡慕健

康的人每天很快乐，相貌普通的人羡慕美丽的人有众多追求者，失去双亲的人羡慕家庭幸福的人可以享受那么多温暖和关怀。

但有时候实际情况并不像他们想的那样，健康的人也许正在羡慕生病的人家里有那么好的条件；美丽的人也许正在羡慕相貌普通的人拥有艺术天才；家庭幸福的人也许正在检讨自己太过柔弱，羡慕失去双亲的人的坚强独立。人们总是无视自己拥有的东西，想要得到自己没有的东西，特别是某些时候，这种迫切的愿望会变成自哀自怜，认为自己不可能拥有这么好的运气，自卑由此产生。

很久以前，在法国的一个小镇上有一位非常出色的裁缝。他裁制的衣服远近闻名，更有很多客人为了拥有一件他亲手裁制的衣服不远万里而来。到了晚年，深知自己时日不多的老裁缝叫来平日最看好的徒弟，拿起自己平时裁制衣服时用的剪刀说："我老了，拿起这把剪刀来手已经开始颤抖了。我需要找到另一双足可以拿稳这把剪刀的手。你懂我的意思吗？"徒弟抹去眼角的泪水说："我懂。您是想要找到一位和您一样出色的传承人。"

老裁缝笑着点点头："但这并不是一件容易的事。这个人不但要有一流的手艺，还必须有丰富的创造力和敢于尝试的勇气。你能帮我找到这样的一个人吗？"

"能，我会竭尽全力的。"徒弟点头说。

自那日起，徒弟开始用心在老裁缝的其他几个徒弟里寻找合适的人选。但他一次一次的提议，都被老裁缝拒绝了。一日，老裁缝再次把这位徒弟叫到自己的病榻前说："这些日子你辛苦了。可你的那些师兄弟其实都不太合适。依我看，你是不是应该把目光放到他们之外的人身上。"然而，徒弟并没有明白他的意思，立刻站起来说："我明白了！我会尝试在其他渠道寻找的，只在师父的几个徒弟里寻找，路子实在是太窄了！"

老裁缝吃力地握住徒弟的手说:"你为什么不能够将目光放在自己的身上?最让我称心的传承者其实就是你自己!可你一直都不相信自己有这个能力,才总是把目标锁定在别人身上。每个人都有自己的闪光之处,只是在于你有没有看到这个闪光点,并且很好的挖掘它,让它放射出更耀眼的光芒。"

自卑者的悲剧在于,他们永远看不到自己身上的优点与闪光点,即使他人再三告知,他们仍然半信半疑。就像故事里的老裁缝,一直希望优秀的徒弟继承自己的事业。直到临终,徒弟才明白自卑的实质不是谦虚,而是在贬低自己,既贬低自己的能力,也贬低他人的眼光。

世界上还有一些人,旁人都认为他们会自卑,他们却总能靠自己的勇敢证明自己"能行"。曾听说一个失去双腿的小女孩在手术后放声大哭。哭过后,她拿起一张纸,写出长长一串自己的优点,比如眼睛很有神,性格很温柔,写字很漂亮,有三个要好的朋友,学习成绩一直第一,等等。她靠这种方法度过了最困难的时期,让自己坚强自信。每个人都不完美,但每个人都应该活得自信,要接受自己,欣赏自己,相信自己的独一无二。

还有,自卑固然不好,但一个人自信得过了头,变成了自大,整天对人吹嘘一些自己根本做不到的事,也不是件好事。以平和的心态正视自己的优点和缺点,扬长避短,特别是在面对困难的时候,相信自己的能力,理智地分析当时的情况,定下计划将目标一一实现,才是成功者的心态。只有那些有自信心的人,才能把平庸变成神奇。

第八章
停止抱怨，牢骚是失败者的表现

一叶障目，习惯抱怨的人看不到幸福

一位高僧住在山间的佛堂，附近村庄的信徒们每天都会来烧香，每一天，信徒们都在佛前诉说自己的不幸，请求佛祖普度众生，这些人烧完香，就会拉住高僧不停倾诉自己的烦恼，日复一日，高僧无奈地说："你们觉得自己很不幸，那么谁是幸福的人？"

"任何人都比我幸福。"信徒们异口同声地说。

"好吧，那么从现在开始，你们每个人拿一张纸条，写下自己的不幸，然后交到我手里。"

信徒们认真写下自己的烦恼和不幸交给高僧，高僧把纸条的顺序打乱，对信徒们说："现在你们一人抽取一张，看一看上面的内容，然后告诉我，你们愿不愿意拿自己的烦恼，交换别人的烦恼？"

信徒们每人抽了一张纸条，打开之后大叫："我们还是要自己的烦恼更好！"他们这才发现，原来每个人都有许许多多的烦恼，而自己的烦恼其实并不是那么严重。

山间佛堂，高僧向那些渴望幸福的信徒们传达了这样一个事实：不要羡慕那些看上去所谓的幸福，你并不是"别人"。每个人只能承担自己的辛苦，享受自己的幸福，要记得和别人的烦恼比起来，你遇到的事情也许微不足道。这样一想，痛苦变得微小，烦恼烟消云散。

佛家说，人生有七苦：生、老、病、死、怨憎会、爱别离、求不得。芸芸众生，谁也摆脱不了这些烦恼，即使努力地克服了当下的烦恼，却发现新的麻烦接踵而来，让人不得安宁，甚至没有喘气的机会。当人们被烦恼压迫，抱怨也就成了生活中不可缺少的一部分，没有人能够万事如意，总有事情让我们扫兴，让我们沮丧，让我们难过，让我们愤愤不平……在这些情绪的驱使下，人们的心灵不再平静，需要痛快地诉说，于是，抱怨开始了。

抱怨的本质是一种情绪的发泄，这种发泄每天都在千家万户上演。晚饭时，丈夫在说老板如何小气，工作如何困难；妻子在说办公室人际如何复杂，生存如何不易。两个人互相吐苦水，越吐越郁闷，又把目光对准孩子。孩子刚刚考了不及格，正在抱怨老师批分下手太狠，这种抱怨自然受到了父母的一致批评。于是第二天，孩子和朋友抱怨父母不体谅自己，父母对同事抱怨孩子不争气。抱怨的种子生根发芽，茁壮成长。更可怕的是，抱怨不能解决任何问题，只会徒增人们的烦恼。

杰西太太透过玻璃窗看院子里晾的衣服，她不满意地对杰西先生说："我们必须换一个钟点工，现在这个钟点工洗衣服总是洗不干净，这么邋邋遢遢的人，怎么能搞好家里的卫生？"杰西先生奇怪地说："我们请来的钟点工是个麻利干净的人，我觉得她很好。"

"不，她洗衣服总是洗不干净，我一定要换一个。"杰西太太说到做到，第二天就辞退了钟点工。第三天，新的钟点工来了，杰西太太不满意地对杰西先生说："为什么现在的钟点工都这样马虎，你看，这一个也洗不干净衣服！"杰西先生说："我认为衣服很干净，不会是你看错了吧？"杰西太太反驳："怎么会呢！你看，衣服上有那么大一块污渍！"

杰西先生坐在杰西太太的位置仔细观察，最后走到玻璃窗前，抹了抹其中一块玻璃，杰西太太发现衣服上的污渍果然不见了，原来，污渍并不在衣服上，而是在玻璃上！

因为玻璃窗上的一块污垢，杰西太太看到的衣服总是有污渍，为此，她怀疑钟点工没有努力工作，整天对丈夫抱怨。其实，那污垢不在衣服上，而在玻璃上。杰西太太的经历不但可以让她自己反省，也向所有人提出了疑问：在生活中，有多少事值得抱怨，又有多少烦恼是我们自找的？是不是我们对他人的意见，对事情的偏激，仅仅是遮在眼前的一小块污垢，只要注意到它，擦掉它，就会发现事情和自己想象的完全不一样？

村头有一条河，东岸和西岸各有一个地主，东岸的地主觉得西岸的土地更肥沃，住在那里会有更多的收成；西岸的地主却觉得东岸的土地更开阔，住在那里一定可以让身心舒坦。

有一天，两位地主太过羡慕对方的生活，决定交换财产。可是没多久，他们就发现脚下这块土地也有很多缺点，似乎还不如自己原来的那块，二人都后悔不已。

生活中没有两全其美，享受到开阔的土地就没有丰沃的土壤，即使交换了财产，两个地主仍然觉得不满足。可见，抱怨来自于内心的不满足，一个人即使拥有再好的东西，只要他不满足，仍会怨气冲天。为什么我们没有注意自己拥有的？答案是我们的目光总盯着别人的风景，想象着别人的幸福，这样的人又怎么会不抱怨？

古语说，一叶障目，不见泰山。抱怨的人往往因为生活的一丁点不如意，就否定生活的美好，认为自己是最不幸的人。但如果能把目光放大，放远，就会发现连抱怨的对象都可能藏着某种幸福。抱怨老板无理由地给自己增加了工作，其实那是老板正想提拔你考验你；抱怨自己不够优秀，其实是发现了自己的不足，也发现了改进和努力的方向；抱怨自己不够漂亮，但因此也有了温和谦虚的个性，受到更多人的称赞和喜爱……

世间本无事，庸人自扰之，与其因为抱怨被人认作是一个庸人，不如放平心态，做个宽容大度、笑对人生的智者。

回收怨气，意味要承担二次伤害

一只小猴子正在森林的入口处大哭，路过的长颈鹿问它："你为什么哭得这么伤心？"

小猴子回答说："今天去外婆家，外婆给了我一大把榛子。回家的时候我在树上跳来跳去，榛子全都掉在草丛中，再也找不到了！"

"真可怜，不如这样吧，我背上的包裹里有很多杏仁，你抓一把。"长颈鹿说。小猴子擦掉眼泪，从长颈鹿的背囊里抓了一把白嫩嫩的杏仁，看到那些杏仁，它又哭了起来。

"现在你哭什么？难道觉得杏仁不如榛子好吃？"长颈鹿问。

"如果我没有丢掉榛子，我现在就能既有一把榛子，又有一把杏仁！"说着，小猴子哭的声音越来越大。长颈鹿摇摇头，临走前说："那么你就一直想着你的榛子吧。"

失去榛子的小猴子一直在抱怨，没有体会到得到别人赠送的杏仁是一种幸运。当人们不想放弃抱怨，就会听不到幸福来临的声音，他们把"得到"视为理所当然，所以加倍不能承受"失去"，一定要用抱怨来加深自己的遗憾和痛苦。

　　抱怨是一种传染病，病原体在自己身上，病因也许只是一点小事，比如上班时候的一次堵车、上司的一个白眼、同事的一句指代不明的议论……这些事也像一把榛子，都可以成为抱怨的理由。抱怨病首先蔓延到周身上下的细胞，让自己心情郁闷，不得不宣泄。宣泄的同时，抱怨病毒以抱怨者为中心四向传播，听到的聪明人会找个借口赶快走开；多数人被动地成了情感倾诉垃圾筒，弄得自己也跟着心烦；还有人听着听着想到自己的烦心事，也跟着一起抱怨。在一个充满抱怨的场合，很难有欢乐的气氛。同样，被抱怨占据的心灵也看不到快乐的到来，抱怨这种病毒谋杀了快乐的机会。

　　说几句抱怨的话是人之常情，人们都能谅解，也会给予善意的安慰和鼓励，人生在世，谁没有倒霉的时候呢？但倘若一个人总是抱怨，就让人觉得这个人只会抱怨，不知道寻找抱怨的原因。如果为同一件事反复地、不停地抱怨，就会得到一个名字——祥林嫂。他们像祥林嫂一样不停说着"我真傻、真的"，本来伤害只有一次，却将伤害无限期延长，每一次复述，都让自己多受伤一次。从这个意义上来说，抱怨就是回收怨气，和自己过不去。

　　抱怨者的悲哀就在于此，过分的抱怨会让人们将他们当作失败者，当做弱者，因为他们没有把自己的伤心、郁闷、愤怒转化为证明自己的行动，而是不断地折磨自己，向外人发泄情绪。在人们不耐烦的同时，他们更伤心、更郁闷、更愤怒，问题没有解决，他们把小问题变成了大问题，似乎永远也不可能解决。这时候人们更加可以确定,他们的失败原因完全在于他们自己,要么能力不足,要么心态不稳,这些都是能力的欠缺,抱怨有什么用?

抱怨有时不能避免,能够避免,而且必须避免的是反复抱怨,回收怨气与回收垃圾没有区别,已经扔掉的垃圾,何必反反复复在垃圾筒里翻它?不但影响自己的心情,还污染周围的环境,引起别人的意见。任何时候,一次次回收自己的怨气都是件不明智的事,既然抱怨的原因是不如意,为什么让自己一次又一次"不如意"?不能利用的垃圾,就要扔到该扔的地方,只有如此,才能让自己的生活焕然一新,充满生机。

大动肝火的人,不是吃亏就是理亏

悦来客栈是京城长安街一家著名客栈,那里的服务总是让人赞不绝口。悦来客栈的一位老主顾说,作为一个贩卖丝绸的商人,他走过很多地方,最信赖的就是悦来客栈的服务,十几年来,他来到京城都会在这里住店。

十几年前,商人还是个年轻人,有一天跟随哥哥在悦来客栈吃饭,一队商人一屁股坐在椅子上。他突然发现哥哥的衣服沾染了一大块污渍,他叫来店小二大骂说:"你们这家店怎么连椅子都擦不干净,我哥哥这件袍子是名贵的毛料制成的!"店小二连忙作揖,将皮袍擦净,还赔了许多好话,让一队商人怒火顿消。离开客栈时,店小二特意将商人哥哥的马鞍擦了又擦,对商人说:"令兄的马鞍不知沾了什么东西,才会弄脏袍子,我已经擦干净了。"商人的脸一红,从此以后,每到长安,他们都会在悦来客栈入住。

原来，店小二早就猜到弄脏皮袍的并不是店内的椅子，可是他息事宁人的做法不但没有损害商人们的面子，还为客栈赢得了更多的主顾。

礼貌谦和的店小二用周到的服务感动了性急的客人，并让这位客人成为客栈的老主顾。这位客人也上了一堂很重要的人生课，永远不要在没有了解事实之前大怒，即使了解事实，也要根据情况作出最合理的举动，因为大动肝火的人总是亏的那一方，不是吃亏就是理亏。

因抱怨某事而大动肝火，首先吃亏的是自己的身体。科学研究表明，人在生气的时候体内的血液大量涌向面部，使面部毒素增多，然后涌向大脑，使大脑也积累毒素，这些毒素不但加速器官和细胞的衰老，还会伤肝伤胃，影响它们的正常工作，总之，生气对健康有百害而无一益，吃亏的是自己的身体。我们的寿命有限，保养还来不及，如果因常常生气而伤到自己，真是得不偿失。

生气的人还容易理亏，如果不能很好地控制自己，任由愤怒爆发，用行动和语言伤害了别人，明明是自己有理的事也变成了理亏。不如像故事中的店小二那样，遇到事情首先要想想自己是不是有责任，有多大的责任。如果过错全在对方，只要等对方冷静下来，自然可以讲道理。就算对方不讲理，也可以照旁观者作证。如果过错在自己，更没有必要大发雷霆，显得自己毫无礼貌。一个人的修养很大程度体现在他能否控制自己的怒火和情绪，能不能在气愤时控制住自己，使事情朝良性方向发展。

一日，一位学生从某超市走出来，被迎面走来的一位中年妇女撞倒在地，手里拿着的半瓶可乐洒了一身。可没想到这位中年妇女不但没有道歉的意思，反而对这位学生大声说："你这孩子，怎么能一边走路一边喝饮料呢！"

这位学生站起来，用纸巾擦拭了一下被淋的湿湿的外套，不但没有和这位妇女争吵，反而对她笑了笑。学生的这一举动让妇女觉得很意外，尴尬之余不禁问道："我说，我撞到了你，让你洒了一身的饮料，你怎么不生气呢？"

学生看妇女一脸的迷惑，再次笑了笑说："生气有什么用呢？你看，你撞也撞了，饮料洒也洒了，就算我生气，这事还是发生了。就算我因为这些和你吵了起来，也不能够回到原点阻止这件事发生。如此看来，生气，吵架根本就不能够解决问题，反而会造成更坏的后果，我还为什么要这么做呢？"

面对不讲理的人，有人宣扬"以恶制恶"，故事里的学生却是一个有修养、有智慧的人，对人对事有独到而深刻的认识。他知道生气不是解决问题的办法，损失既然已经造成，计较也是多费力气。面对争执和不快，最佳的解决办法并非争吵，而是理解和宽容。

宽容是一种智慧，既然大动干戈的结果不是吃亏就是理亏，不如奉行老祖宗的名言，化干戈为玉帛。对别人的宽容也是对自己的仁慈，纠纷一旦产生，或者恶化，其结果总是要由双方承担，而这结果往往是负面的、不良的，即使人们在纠纷中赢得了胜利，也会付出一定的代价，所以，在多数情况下，只要不涉及原则问题，不如大事化小，小事化了。

不要为一件小事给自己造成痛苦，也不要因为一件小事与别人大吵大闹，在即将生气、即将抱怨的时候，考虑一下别人的心情，克制一下自己的情绪，不但能体现出你的修养，也有益于事情的解决，更能借此树立良好的形象、建立和谐的人际关系。想要大动肝火的时候，首先要告诉自己："既然已经有了损失，我要做的是弥补损失，争取以后不再损失，而不是扩大伤害，让这件事没完没了。"

不要用放大镜看自己的烦恼

王大娘生病了，三大娘的儿子送她去医院检查，检查不出任何问题。但母亲整天郁郁寡欢，儿子十分焦急，只好找了一个有名的老中医到家里看病。

老人和老人能聊出很多话，经过老中医的询问，发现王大娘生病的原因竟然是一袋鸡蛋！

原来，一周前王大娘从超市出来，被一个中年人撞到，撞碎了王大娘买的一袋鸡蛋。王大娘年老糊涂，心疼这些鸡蛋，她想鸡蛋能孵出小鸡，小鸡又能下鸡蛋，她损失的不只是一只鸡蛋，而是一群鸡。王大娘把烦恼夸大了几百倍，病由心生。儿子无奈地说："妈，超市的鸡蛋孵不出小鸡，就算能孵出来，你买鸡蛋也是回来吃的，怎么这么想不开！"

一袋鸡蛋碎了，本来是一件小事，可是王大娘竟然因为这么一件小事大病一场。对王大娘，我们可以说一声"老糊涂"，但在现实生活中，比王大娘年轻、比王大娘聪明的人却也经常把一个小小的烦恼夸大数倍，越想越烦，越烦越想，想到自己生病还不停下。

有时候烦恼到一定程度，造成自己的心理压力，担心的事就会真的变成现实。就像经济危机来临的时候，很多公司都准备裁员，所有员工都有了危机意识。有些本来优秀能干的员工天天担心自己被裁，茶不思饭不想，工作做不好，最后报上业绩，老板都奇怪这些员工的业绩怎么这样差。公司也不容易，不能养这些差劲的人，于是这些优秀的员工竟然因为自己小小的担心而被裁掉,真让人始料未及。怕什么来什么,恐怕这些能力优秀的人在心底也不相信这就是事实。

人们常常觉得奇怪,为什么鸡毛蒜皮的小事,在某些人眼里却成了天大的烦恼?那是因为他们总是拿着放大镜看自己的烦恼。烦恼最初只是一小点,经过人为地放大,有时会变成压力和真正的麻烦。如果拿着放大镜看病毒,会觉得自己已经病入膏肓,马上就会被这病毒吞噬。实际上,它不过是微不足道的存在,甚至不会引起一次感冒。除非人们每日都在担心,才会渐渐地连累其他细胞也染上病毒,最后真的引发疾病。更有趣的是,人们担心的烦恼往往不会发生,据调查,百分之九十以上的烦恼不会成为现实,却总是有人为了不存在的烦恼忧愁,这也是手拿放大镜整天担心的结果。

多年前,有一首歌叫《最近比较烦》,直到现在也经常有人哼唱。

演唱的人从一开始就唱着"最近比较烦、比较烦、比较烦",他烦恼生活不如意、事业不顺心、对人生产生迷茫、女儿太胖、儿子不肯吃饭、老婆胡乱吃醋……各种琐碎的事情加在一起,让人们听到了凡人的无奈。

不过,歌手在最后一句话中道出了解决烦恼的真谛:"我最近比较烦,我只是心烦却还没有混乱,你们的关心让我温暖,家是我最甘心的负担。"

如果只顾自己,所有烦恼都会变大,想想他人,一切烦恼都会变得微不足道。

人从一出生就要面对各种烦恼,成长的烦恼,生存的烦恼,事业的烦恼,人际关系的烦恼,爱情的烦恼……没有人能够摆脱,难怪这首《最近比较烦》一唱即红,是因为这首歌唱出了人们的常有的感慨。有智慧的人也会因琐事心烦,不同的是,他们不会混乱,不会因为烦恼影响自己的生活,不会因为烦恼放弃自己的追求,他们会想到烦恼的根源是在于自己想要做得更好，想要自己的家人生活得更好。

面对烦恼，人们常常这样安慰自己：我的身边有许多亲人和朋友，我有属于自己的梦想，和这些比起来，烦恼只是生活中的一小部分，前进道路上的一小块石头，怎么能因小失大？如果我因为一点小事在原地踏步，怎么对得起别人的关心，又怎么能获得成功？这样想想，烦恼就会变小，幸福感就会提高，因为我们虽然烦恼，却并不孤单。

当你觉得烦恼无法摆脱，可以通过调节心境稀释一下自身的情绪，同样的时间，为什么不去想想快乐的事，和烦恼较什么劲？对于烦恼，就是应该学会大事化小，而不是小题大做。要知道心情是自己的，生活是自己的，让一切事情都向良性方向发展是每个人的责任，让烦恼侵入生活、干扰心情是自己的损失。

每个人都是生活的主人，拥有属于自己的幸福和烦恼，挑剔的人会盯着烦恼，乐观的人会盯住幸福。不妨让自己的心态简单一点，学学那些做游戏的小孩子。小孩子为什么没有烦恼？就是因为他们要求的少，期望程度低，他们很容易就觉得幸福，不要对自己的生活太过挑剔，自然就不会胡乱抱怨，也不会因为小事心理失衡，人生是一条漫长的道路，即使脚下有沙粒，磨得自己心烦意乱，也要看一看身旁的鲜花，感受一下那沁人心脾的苏州芳香。

积极一点，没有人会一直倒霉

一只就快饿死的老鼠经过长途跋涉，终于找到一个粮仓，它想捡点袋子里露出的豆子，没想到一只猫从天而降，老鼠好不容易才逃得性命，它哭泣着对神祈祷："当老鼠是一件多么可怜的事，我已经饿了整整三天，好不容易看到一粒豆子，还被猫阻挠。当猫多好，不但可以抓老鼠，还有主人喂鱼，请把我变成一只猫吧。"

神怜悯老鼠，真的把它变成一只猫，可是老鼠发现，猫也有猫的难处，它整天都被街上的流浪狗欺负，于是它又要求变成一只狗。可是狗总是被村子外的豺狼恐吓，最后老鼠说："请把我变成最强大的大象，这样我就再也不会被欺负了！"

神答应了它的要求，老鼠以为从此就能过上无忧无虑的日子，却发现大象身材笨重，行动迟缓，整天吃不饱，要拖着巨大的身体到处找食物。这一天，它的鼻子说不出的难受，打了半天喷嚏，才从鼻子里钻出一只小老鼠。

"原来，一只大象竟然会被小老鼠弄的寝食难安！"老鼠感叹，它要求神把自己变回老鼠的模样，从此再也不抱怨了。

小老鼠认为生活辛苦，想变成其他动物，变了一圈后终于懂得：原来所有动物都有倒霉的时候，还不如各从其类，当好一只小老鼠，倒也逍遥快活。由此可见，任何事物有优点就会有缺陷，没有人能一直幸运，当然，也没有人会一直倒霉。

决定一个人是否倒霉，有时仅仅在于这个人的心态。一位老板对他的两个员工说："你们的工作做得不错，如果在做好这个项目的同时，完成了另一个项目，我会更高兴。"两位员工的反应截然不同，一个认为自己的工作完成得不错，一直以来的努力得到了承认；另一个则盯着没完成的项目，认为自己能力不够。前者欢欣鼓舞，认为自己即将有升职的机会，更加努力表现；后者唉声叹气，害怕自己丢掉饭碗，工作起来无精打采。你是老板会更欣赏哪一个？答案不言而喻，这就是积极与消极的区别。

有时候，烦恼和痛苦只在我们心中，只在我们一念之间。面对事情，特别是面对烦恼，每个人应该学着积极一点，抱怨"我怎么这么倒霉"，和说着"还好，我不是最倒霉的"，是截然不同的两类人，前者容易把困难想复杂，给自己增加无谓的心理压力，导致自己的应变能力降低，成为一个真正的倒霉蛋；后者则能够看轻痛苦，以最轻松的心情面对生活，保持乐观的态度战胜困难。很明显，后一类的人更容易得到快乐和满足。

忙碌了一天的小丽从下班前十分钟就开始惦记晚上的晚餐。昨天是周日，因为孩子生病，她没有去超市买这一周需要的菜，像小丽这种把加班当成家常便饭的人，在周日准备好一周的蔬菜肉类是必需的。小丽想着如果今天能按时下班，一定第一时间冲进超市。

没想到刚一下班，天就下起一场大雨。小丽没带雨伞，只好把外套盖在头上去赶公车。在拥挤的车上，小丽忍不住心酸，想起自己至今还是个小职员，拿着可怜的薪水，结婚三年老公有了外遇，离婚后自己辛辛苦苦带着孩子，如今连想要早点去买菜都会遇到一场大雨，回家没准儿还要感冒。

车停了，小丽向超市跑去，突然看到身边有个人一样没打伞，却悠闲地走在雨中，小丽提醒："你怎么还不快点跑？"那个人说："我为什么要跑？我在看雨景。"

小丽突然发现，原来雨已经不知不觉小了，即使没有伞也不会把人淋湿，打在脸上只有一点点雨丝，很清凉，而雨中的城市有种宁静温和的美，原来雨景是那么美！那么人生是不是也一样呢？小丽放慢了脚步，第一次觉得，原来雨中散步，在超市中悠闲地选购物品，都可以是幸福的事。

一场大雨，一个陌生人说的一句话竟然让小丽改变了长久以来的心态。是啊，尽管工作繁忙、生活繁杂，难道人们就不能静下心欣赏雨景？就像人生难免有起起伏伏，难道就要否认其中的美好、一直沉浸在抑郁的情绪中？静下心来的小丽发现，生活中的小事，比如突然下起的一场雨，既可以带来烦恼，又可以使人幸福。

开车的人大多有过一路红灯的经验，大城市的交通出奇拥挤，你又在赶时间，偏偏前面路口一盏红灯，再前面的路口又是一盏红灯。人生道路上，烦恼就像一盏盏红灯，预示此路要等等才能通过。红灯的确让人心烦，一连串的红灯更是让人觉得倒霉透顶。不过交通就是如此，有绿灯就会有红灯。人生也是一样，有幸运就会有不幸。倒霉的时候，不妨积极一点，告诉自己运气守恒，没有人会一直倒霉。

总是提醒自己倒霉的人看到什么事都想着坏的一面，认为霉运会一直跟着自己，从此更看不到快乐的事，心态上的悲观导致了自己常常倒霉，一直没有好运气。而那些积极向上的人总能够发现事物光明的一面，即使遇到不幸，他们也能用"幸好只是如此，没有更糟"来安慰自己，使自己成为一个幸运者。他们始终相信，几盏红灯之后，一定能一路畅通无阻。

成功者从不抱怨，抱怨者很难成功

发明大王爱迪生曾在美国开了一个实验室，实验室里配备了当时最先进的设备，总价值有几百万美金。爱迪生的多数想法都在这个实验室里进行反复试验，有些已经初有成果。

1914年的一个晚上，实验室发生一场大火，所有实验器材和试验资料毁于一旦。第二天，直对一片焦土，实验室的学者们心痛不已，爱迪生却说："大家不要难过，这一场大火烧光了我们的试验成果，也烧光了我们以往的错误和偏见，现在，让我们重新开始吧！"

总结古往今来的成功经验，人们早已发现，成功者从不抱怨。就像故事中的爱迪生，所有实验设备毁于一旦，他仍然看到光明的一面：大火烧掉了旧的东西，他可以借机抛除一些旧观念，让一切重新开始，也许他能趁此机会得到更多的灵感和成就。当一个人有理由抱怨，却把抱怨的时间用来埋头苦干时，他离成功还会远吗？

与此相反，抱怨的人很难成功，他们很少从自己的身上寻找失败的原因，仿佛他们的不幸从不是因为他们自身的问题，所有错误都来自外界，来自他人。他们总能把责任推给外界条件、推给同事，甚至推给天气。他们只盯着生活的阴暗面，永远看不到有光明的那一面。当其他人为理想而努力时，他们的时间全部浪费在抱怨上，于是影响自己的心情和效率，不能得到好的业绩，然后这又会成为他们抱怨的理由。这种抱怨是一种恶性循环，一旦陷入，很难挣脱，它的结局只有失败。

早晨，王小姐买好早餐，急匆匆奔向公车站，发现一辆公车刚刚开走，她抱怨自己为什么不早一分钟起床，或者干脆不买早餐。就差一分钟，她错过了公车。

这时，下一辆车来了，由于刚刚的车带走了所有乘客，这一辆车里没有多少人，王小姐坐在座位上，突然觉得没有坐那辆车是件幸运的事。如果刚才赶上那辆车，此刻的她在拥挤的人流中站都站不稳，更别提悠闲地坐在座位上看窗外的风景。

人生的班车不只一辆，错过了这一班，下一班也许会更好。但是在抱怨的人眼中，就算有了下一辆车，他们仍旧想着那辆错过的。这个时候不妨安慰一下自己，给自己打打气，告诉自己吃不到的葡萄未必甜，那串最甜的葡萄还在后面，而且一定会被自己得到。

如果拆开"错过"这个词，也许会对过去有不同的理解。"错"是错误，"过"是过去，错误过去了，对的就会出现。我们常常在觉得自己倒霉后，突然得到一些惊喜，其实倒霉与惊喜都是常态，不同的是我们的心情，如果能够保持心境的平稳，倒霉不再是倒霉，惊喜变成更大的惊喜，我们的生活也会因此更加幸福。

约瑟夫是一位德国农民，他的父亲、祖父、曾祖父都靠种植香蕉为生。他二十三岁那年，已经是一个有经验的农夫了。

有一天，他开车去城里送货，撞上了另外一辆卡车，失去了双腿。经过一个时期的消沉，他开始发奋图强，借钱开了一家小型的香蕉加工厂，做一些香蕉食品。十几年后，他成了富甲一方的大老板，他的朋友对他说："我真不能想象，假设你没有失去双腿，你能做到什么地步，是不是会占领全国的香蕉市场？"

约瑟夫说:"如果我没有失去双腿,现在的我也许正在地里教导我的儿子如何种植香蕉。要相信上帝是公平的,他给了你磨难,同时也给了战胜困难的勇气。"

如果抱怨能解决问题,约瑟夫大可以整天抱怨,抱怨老天不公平,抱怨他从此不能行走、不能干活、失去了生计来源。但他选择了证明自己:即使一个残疾人,也有成功的权利。成功的约瑟夫清楚地知道:有时候不幸反而是一种机遇。由此可见,幸运总是跟在不幸之后,任何事都有可能转化为机遇。

有双腿的贫穷农夫和不能行走的大老板,都有自己的缺憾,谁都不必抱怨,谁也不必羡慕谁,甚至不用说"命运"这样不够实际的词语。生活就是生活,悲欢离合、喜怒哀乐交替出现在我们的生命中,快乐的时候开心,悲伤的时候自然要流下眼泪,面对谁也不能改变的事实,每个人都在试着接受,试着让自己更坚强,更努力地克服眼前的困难。

人们常常埋怨命运不公,其实人生有悲有喜,足以证明它足够公平。事实上,没有不公的命运,只有不平的心。当你的心中存着怨恨,存着计较,又怎么能有闲暇体会命运给你的恩惠?就像一个人在大雨中咒骂自己忘记带雨伞,雨停了,街上的人都在看天空中美丽的彩虹,只有他还在愤愤不平,不肯对美景看上一眼,这究竟是谁的遗憾?

成功者从不抱怨,抱怨者很难成功。当一个人的心中被抱怨占据,他的所有时间精力都停留在自己的不幸上,没有心力去做其他的事,他似乎甘于一直做一个倒霉的角色,不断用言语宣泄自己的不满。只有那些敢于直面生活的不如意,敢于承担也敢于突破困难的人,才能敲开成功的大门,他们是生活的智者,心灵的勇士。

第九章
摆脱诱惑,给欲望一个底线

万物为我所用,非我所有

一位虔诚的信徒每天都不停祈祷,请求神赐给他一些土地,让他能够养活一家老小。三年来,他每天三次祈祷,从未间断。他的虔诚令神灵感动,就派一个使者到他面前说:"神已经恩准了你的要求,明天太阳升起的时候,你就从家门口开始跑步,直到太阳落山的那一刻,你跑过的地方从此属于你。"

信徒大喜,第二天一早他就开始跑步,为了获得更多的土地,他一刻不停地跑,甚至不肯停下来喝一口水,太阳还没下山,他就已经累死在道路上。他的家人含泪将他埋进土中,使者无奈地说:"其实一个人只需要这么大的土地,可世人全都看不明白。"

如果仅靠奔跑就能得到土地,相信很多人都会像故事中的信徒一样,用尽力气拼命奔跑。但人的生命是有限的,以有限的生命追求无限的财富,结果难免失败。信徒没有成为一个富翁,最后,他得到一小块葬身的土地。

在死亡面前，那些他努力想得到的东西并不属于他，也不属于任何人。

有些人追逐金钱，有些人追逐名利地位，还有人追逐美丽、追逐更好的生活……每个人的追求不同，只要是合理的、恰当的，都能够成为一种前进的动力，让人奋发向上，不断突破自己。当人的生命处于欲望与理想的生活状态，他不但能满足自己的生存需要，还能保持自由畅快的心灵。而欲望一旦过度，就如洪水决堤，再也没有方向，它使人盲目，使人迷失。而一个贪婪的人总是觉得拥有的不够多，他们的人生意义在于攫取，所以，他们总是被各种各样的烦心事缠绕，很难快乐。

两个富翁同时死去，二人到了天堂，他们是多年前的对手，后来做各自的生意，不再有交集，此刻相逢在天堂门口，看到对方穿着朴素的衣服，都诧异地问："你看上去怎么这么贫穷？"

一个说："一直以来我都是个富有的人，我把赚来的钱全部换成金条存在我的地下室。可是前段时间，我的所有金条都被盗贼盗走了，我成了穷光蛋。"

另一个说："我也曾经是一个把钱全都藏起来的人，晚年的时候我生了一场大病，医生好不容易才把我救回来，我突然觉得人一死，拥有多少金钱都没有用，所以我决定把它们分给那些更需要的人。死之前，我已经捐出了自己所有的财产。"

第一个富翁听到后若有所思地说："你做的才是对的，如果我生前能明白这件事就好了。"

天堂门口，两个成为穷人的富翁聚在一起，他们都曾为赚钱绞尽脑汁，现在，他们一无所有，心态却大不一样。第一个富翁一生的心血被盗贼偷走，沮丧而绝望，认为一生的努力全都成了泡沫；第二个富翁将一生的储蓄用来帮助穷苦的人，平和坦然，认为自己是一个有意义、有价值的人。

请仔细观察我们的所有物吧，我们的财产不是属于自己的东西，我们只是暂时的保管者，时间一到，或者把它传给后代，或者将它归还他人；我们珍惜的感情也不是我们的东西，爱情会变成亲情，友情会随着世事变化改变，亲情随着亲人离世变为悲哀……有形的、无形的东西都不属于我们，属于我们的唯有感觉。喜怒哀乐是我们自己的，心灵上的平静或烦躁也是我们自己的。一位名人说："如果你一直不满足，即使得到整个世界，你依然是不幸的人。"同理，只要心灵能够满足，即使被整个世界遗弃，我们依然可以是幸福的。

当一个人过度关注外部事物，任由欲望支配自己，他就会忽略自己的内心世界。印第安人有一句古训说"慢点走，等等自己的灵魂"，就是告诫人们要关注自己的心灵，只有心灵能够发觉生命最本质的东西，只有心灵能够抑制欲望的躁动。万事万物能够被我们触摸、欣赏、利用，可是并不属于我们。同样，我们也只属于自己，不属于任何事物。当我们能够认清世界是无数个独立的个体，自然也不会执着地去占有，而是任它们来去，内心充实而潇洒。

别让面子左右你的生活

一个卖油翁正在市场上卖油，他倒油的技术总能引来赶集人们的围观。卖油翁倒油从不浪费一滴，稳稳地进入买油的人手中的葫芦，大家都对这一手啧啧称奇。

一个有钱公子听到这件事，带着一群家丁来到集市。看到卖油翁表演绝技，公子对手下说："谁能让这个卖油翁失手，我就赏谁十两银子。"手下们有的找最细嘴的葫芦，有的在卖油翁倒油时故意喧哗捣乱，可是，老翁的手还是稳稳的。这时，一个手下对公子说："我有办法，只要让家丁们按照我的吩咐来做，卖油翁一定会失手。"

卖油翁又在倒油，公子的手下们突然用力鼓掌喝彩，夸奖卖油翁的绝技神乎其神。卖油翁起初没在意，随着那些人越来越起劲的称赞，他有些飘飘然，他告诉自己一定不能失手，越是这样想，越失了准头，最后，油洒了一地，围观的人哄堂大笑。

卖油翁熟能生巧，能把油稳稳倒进葫芦，不浪费一滴，从不失手，看到的人都觉得神奇。一旦他被周围的喝彩声蛊惑，害怕失去这种赞美，他就会越来越谨慎，越来越害怕失败，这种过度的小心反而会酿成错误。现实生活中的我们也经常在人们的赞扬中得意自满，却在下一秒发现自己已经做不好那件被人夸奖的事了。

俗话说，死要面子活受罪，太过在乎别人的评价，太过追求别人的赞美，就会把别人的目光当作自己的标准，让自己被他人左右。为了面子，人们常常去做自己根本做不到的事，或者将自己擅长的一件事做得很糟很差。很多人处在这样一种生活状态中：别人夸奖自己，就会自高自大，以为自己真的什么都能做到；别人贬低自己，就觉得自己是天下最差劲的人，什么都做不好。这样的人没有自我，他们总是因为别人的一句话忙碌，耽误原本要做的事。

仔细想想，别人的评价和自己究竟有什么实质性的关系，需要我们挂肚牵肠？外界的评论不外乎赞美和批评两种。真心实意的赞美和虚情假意的客套话都能满足我们的虚荣心，但是，如果过分在意，不论哪一种赞美都可能造成我们的自高自大。至于批评，善意的批评能够给我们带来益处，恶意的挖苦并不能给我们带来实际损失。为别人的评论改变自己，是本末倒置，完全丧失了最初的目标。

一家饭馆里，几个好朋友在一起喝酒，庆祝小张刚刚升任某公司的销售主管。酒酣耳热之际，小刘拍着小张的肩膀说："我们公司最近刚好要进一批货物，我一定会从你那里进货，你不用担心新官上任不生火！"小张说了一连串谢谢，朋友们也都夸小刘够义气。

第二天酒醒，小刘才意识到自己犯了错误，他在公司并不管进货，也没有权力规定进那个公司的货物。但既然对朋友们夸下海口，只能硬着头皮去找公司采购部的人，费了不少口舌，花了不少交际费，也没能说通对方同意从小张那里进货。

最后，不但小张不满意，朋友们也都认为小刘信口开河，没本事瞎应承。小刘哑巴吃黄连，只能怪自己太要面子。

小刘听到朋友升职，想帮朋友做一笔大生意，本来是存好心办好事，但是他忘了一件最重要的事——自己是否有能力。一番忙碌后，小刘不但赔了夫人又折兵，还落了一身埋怨。可见打肿脸充胖子，自己疼不说，旁人还会笑话这脸怎么这么难看。

一个人的价值在于他做了什么，而不是说了什么。说了做不到，不是骗人就是吹牛。有些人明明并不想做浮夸的人，却在周围人的起哄、怂恿下，在自己的虚荣心的驱使下，空口许下诺言，或者加倍夸大自己的能力。为了自己的面子，他们尽力吹起那张牛皮，却不想想牛皮总有吹破的时候，那时岂不更没面子？

一旦生活被面子左右，人们就会追求能力以外的东西，做费尽力气也做不好的事，把所有的时间都给了自己并不喜欢的事物，只为得到旁人的夸奖羡慕。这样的人容易累，也容易失败，即使取得了一些成绩，也会觉得这并不是自己真正需要的，内心愈发空虚——面子是虚的，追求到的也只能是空虚。人们应该追求的是实实在在的东西，这些东西能够拿在手中，能够给我们带来舒适和享受，也只有这些东西才能让我们踏实，得到真正的满足。

同时追两只兔子的人，两手空空

游牧民族的孩子从小就要学习牧羊和打猎。看到丰茂的森林草地，全族的青壮年男子就要冲进去寻找猎物。一个孩子刚刚学会骑马，在叔叔的带领下学习打猎，想要一展身手。

小孩子爱玩，心态又浮躁，看到兔子就想追兔子。正在追兔子，旁边蹿出一只鹿，他又想追那只肥大的鹿。这时一只野鸡从头上飞过去，他又想弯弓射箭打下野鸡。孩子就这样看到什么想打下什么，打不到一个，回头想找一开始看到的那个，动物们早跑没影了。忙了一天，他两手空空。

叔叔告诉他说："我第一次打猎和你一样，看见什么想打什么，其实一次只能射一箭，得到一只猎物就是收获，为什么要这么贪心呢？只有戒掉这个毛病，你才能成为一个优秀的猎手。"

孩子初学打猎难免三心二意，什么都想抓、结果是什么都没追到，白白浪费了力气。长辈以自身经验告诫孩子，想要做一个优秀的猎手，先要学会不贪心，一心一意地抓紧眼前的目标。打猎如此，做任何事也是一样，目标一旦堆积，就会造成视觉上和心理上的双重障碍，只有头脑清醒的人才会从一开始就盯准一个，抓到手再着手下一个。

俗话说，一个人不能同时追赶两只兔子。如果一只兔子朝东，一只兔子朝西，这个人只能留在原地踏步，一无所获。如果兔子再多一点，这个人恐怕连怎么抓兔子都忘了，光顾着想究竟追哪只，成为一个彻头彻尾的空想家。大千世界，机会无处不在，诱惑无时不有，如果不能认定一个目标，而是四面出击，不论是精力还是头脑都会不够用。

人们常说做事要重视过程，不要过分看重结果。其实这句话应该加一个前提，不论什么过程，都需要投入百分百的心力，否则就不叫过程，叫路过。路过的人看看路边的好风景，欣赏一下别人的劳作，还能指点一下哪一块地庄稼长得好，哪一片林子收成差。当然，收获这件事与这样的人无关。三心二意的人经常处于"路过"状态，他们做什么事都是三天新鲜，很快又有了新的目标、新的计划，而且他们还会找很多理由说服自己、说服别人："现在这个比以前那个更好。"这样的人抓不牢自己的人生，只能"被路过"。

一只狐狸住在一座大山里，经常为食物发愁。这一天，它的好运来了，山脚下的一个农民开了一个养鸡场。狐狸每天都溜下山，偷偷叼走一只鸡。农民每天清点鸡的数目，发现每天都要缺一只。狐狸跑得太快，农民没有办法。

渐渐地，狐狸觉得每天一只鸡不够吃，它想要吃更多的鸡，它每天叼一只大个的鸡，还要带上一只小鸡。又过了半个月，一只大鸡和一只小鸡也不能满足狐狸的胃口，它开始叼两只大鸡。可是，叼了两只大鸡后，狐狸的偷溜速度明显地慢了下来，终于在一天晚上，被埋伏在鸡棚外的农夫抓个正着。直到被捆住，狐狸的嘴还紧紧咬住一只鸡。农夫叹息说："你真是到死都不知道悔悟！要不是你太贪心，又怎么会被我抓到！"

一只快要饿死的狐狸发现一个养鸡场，从此，它的胃口越来越大，这个过程形象地反映了贪心的膨胀。一旦欲望超过一定限度，灾难就会降临，狐狸被养鸡的农夫抓住。更让人感叹的是，这只狐狸到死也摆脱不了自己的贪欲，被抓的时候它还紧紧地咬住刚刚偷来的鸡，贪欲的毁灭力量可见一斑。

人心不足蛇吞象，我们每天面对外部世界的诱惑，什么都想得到，偏偏我们精力有限，金钱有限，如果一味去追求，有可能让自己累倒在半路。就算有一座金山摆在眼前，我们能拿的也只是自己拿得动的那一部分，不然不是在半路晕倒，就是在金山里饿死。不得不承认，以我们有限的生命和能力，追求不了那么多的东西，承担不了那么重的负担。

既然一个人的能力决定了他能获得什么，努力程度决定他能获得多少，贪心就成了一种自我折磨。就像小时候我们吃着糖果，如果总是想着没吃到的饼干，或者想着明天吃的蛋糕，目标太多，就会造成心理上的负担，最后吃到嘴里的都不香甜。还有的时候，我们顾此失彼，不看手里的这个，紧盯着别人手里的，最后两边落空，自己难过。不如简单一点，专一一点，把握住自己眼前的东西，因为抓得住的永远比抓不住的重要，自己手里的总比别人手里的安全。

人生的道路也是如此，很多时候，我们不止有一个选择，哪个方向都有自己想要的东西，哪个方向都是一种诱惑，我们必须下定决心选择一个，才能用最短的时间到达目的地。选择也需要智慧，我们选择的地方不应该是虚幻的海市蜃楼，而是那些我们的目光也许不能到达，但相信自己有足够能力到达的地方。一个人不能追逐两个理想，任何时候，专一的人比左顾右盼的人拥有更多把握成功的时间、珍贵的机遇。

欲望太多，生活会不堪重负

在日本，夏日夜市是人们很喜欢的娱乐项目，夜市上有一项传统游戏：捞金鱼。

各种各样的金鱼放在巨大的铁皮容器里，捞金鱼的人需要买一个渔网，然后蹲下身捞自己喜欢的金鱼，捞到的就可以带回家。有些人能捞到很多条，有些人的却一条也没有，因为捞金鱼的网不太结实，金鱼如果用力，可以在被捞出水之前挣破网。

一个小孩一连买了五六个渔网，都被金鱼挣破，他抱怨老板说："你这里的渔网质量太差了，我一条都捞不上来。"老板笑着说："你既然知道渔网很薄，为什么还要挑那些个头大的金鱼？如果你愿意捞小一些的，现在你手中的鱼也许可以放满一个小鱼缸。"

在贪心的人看来，一切东西都是越大越好，越多越好，他们不会想想自己手里的渔网究竟能不能撑得住大鱼的重量，只会想花了钱就要得到最多的实惠。其实，金鱼并不一定是大个儿的好，小鱼也有小鱼的轻巧美丽，而且容易养活。但贪心的人总是忽略这个简单的事实。

有一位中国诗人曾写过这样一首简单的诗，只有三个字。"生活——网。"生活就像人们手中的渔网，人们想要捞取很多东西，越多越好。但是，一旦这些东西超过了网的容量，人们就会失去一切，包括手中的渔网。

一个人如果被欲望支配，他的目光始终在生活之上，当他住着宽敞的房子，他想要更大的房子，有了更大的房子，又想要一座独体别墅，有了别墅，他又想得到更多别墅。即使他做了地产商，他也不会满足，永远不会低下头看看他现在住的房子是多么舒适，多么适合居家。欲望给人带来的损失不只是物质上的得不偿失，还有心灵上无止尽的饥渴。像一个永远喝不到水的人，贪婪的人总是被这种饥渴折磨。

还有人将贪婪与进取等同，认为贪婪是人前进的动力，因为"有了明确的目标才能奋发向上"。但进取是在自己现状的基础上，想要更进一步提高自己的能力和生活水平，既有利己的一面，也有利他的一面；而贪婪是指对某种事物、特别是名利相关的事物无限制的索取，它的本质是一种占有，而且不与他人分享，仅仅满足个人的私欲。

机场大厅，张敬看到了多年不见的同学徐佳，两个人感慨万千，徐佳对张敬说："这么多年没见，你老了，听说你现在是一家公司的经理，老同学们都很羡慕你。"

张敬说："你看上去还很年轻，我也很羡慕象你这样自由的人，工作的时候出去采访，没事的时候到处旅游。"徐佳点点头说："是啊，虽然工资低点，不过这种生活适合我，你今天是要去哪里？"

"我要去广州开会，下午还要飞往武汉，有个合同需要我亲自处理，还要连夜赶回来。"张敬说。徐佳问："那么你什么时候休息？"

"再过十年二十年，我有了足够的钱，就可以歇下来，像你一样到处走走。"

"这种生活你现在就可以过，比我过得更好，为什么等到十年二十年以后呢？"徐佳说。

那天会面后，张敬一改往日的生活态度，他仍然认真地工作，却拿出比以前更多的时间陪伴家人，四处旅游。当人们问他原因，他说："生命太短，不要把最想做的事放到以后。"

机场的一次再会，使事业有成的张敬重新审视自己的生活。在徐佳看来，有经济基础的张敬理应比她更有资本享受生活，而张敬却想把这种享受推迟到十年或二十年以后。他们都知道问题的答案：张敬觉得自己得到的还不够多，他想要得到更多的金钱。

金钱能够为我们做很多事，衣食住行，生老病死，没有一样能离开金钱，想要活得舒适自在，必须由足够的金钱支撑，也难怪人们会有欲望、会有贪念。谁不想让自己、让自己的亲人生活得更好？但同时也要认识到，过犹不及，一旦欲望超标，得到的东西就不再是享受，而是负担，随着负担越来越重，不但肩膀被压得生疼，脑细胞死了一片又一片，心灵的平静更是不复存在。

国外的社会学家曾做过一项研究，发现人们的欲望越小，幸福感就越高。幸福生活的关键在于掌控自己的欲望，学会适可而止，要尽量让自己生活得好一些，但不要将这种愿望当作唯一的追求，因为生命中还有更多事情需要自己投入精力，它们所带来的快乐是金钱不能带来的，就如一位作家写道："金钱可以买来药物，但买不来健康；金钱可以买来婚姻，但买不来爱情；金钱可以买来学历，但买不来能力……"我们的关注点应该始终停在我们精神的丰盈上，而不是物质的多少。

给欲望一个底线，该刹车的时候要刹车

在古代，国家面临内忧外患，有位皇帝登基后选拔了一批年轻能干的大臣辅佐自己，其中有四个人最引人注目，其中一个指挥兵马抵抗外族侵略，一个带领人马深入边疆开辟领土，第三个辅佐皇帝完善内政，保证百

姓安居乐业,第四个一手掌管国家机构,使国家行政高速而有效率。经过十年的时间,国富民强,四夷臣服,皇帝对四个人感激不尽,让他们自己提出想要的官职。

第一个人要当将军,第二个人要求在自己开拓的领土上封侯,第三个要当宰相,第四个对皇帝说国事已了,想要回家孝顺父母,陪伴妻子。皇帝答应了他们四个的要求。

又过了十年,前三个人或因为朝臣的造谣,或因为自己生了歹心,都被皇帝处斩抄家,只有那个功成身退的大臣,不但全家性命得以保全,还常年享受着皇帝的赏赐,并得到百姓的赞扬。

在阿拉斯加的赌场里,赌场管理人员故意将赌场的灯光布置得昏暗,让人一进去就会忘记时间,既感觉不到黑夜,也感觉不到白天,只会被现场的气氛感染,不断下注。在这里,人的贪婪不断被煽动,手中的筹码用完,他们会迫不及待去买更多的筹码,平日理智的人也会为一夜暴富的念头疯狂。他们中的大多数人都输光了自己的钱,有的甚至倾家荡产。

在股市上也经常有这种情况,有人为了致富,不但拿出自己所有的财产,甚至举债购买他所看中的"潜力股",极少的人发了大财,更多人赔得一干二净,也有人为此结束生命。旁观者感叹,股票本来是一种投资方式,偏偏有那么多人将它当作投机的机会,为了财富,完全忽略了巨大的风险,把自己逼上绝路,给家人带来灾难,一切都源于无止尽的欲望。由此可知,欲望应该有一个底线,超过这个底线,所有人都输不起。

一个国王为自己的国家操劳一生,年老之后,妻子已经去世,他把王位传给自己的儿子,希望能在一个幽静的山林一个人颐养天年,安然离世。于是,他独自去了邻国的一座山林。

到了山林他才发现,山里的生活并不简单。住在山洞里,他需要每天捕鱼抓食物，他觉得有更好的工具生活会更轻松，于是去集市用抓来的鱼换来渔网弓箭等工具。等到有了这些东西，他觉得有条船、有匹马自己会更轻松，于是又去买船买马。过了一段时间，他觉得自己忙不过来，就雇人帮他捕鱼打猎。国王的运气很好，渐渐地，他的仆人越来越多，财富越来越多，而邻国国王都派人请他去宫中吃饭，他又回复到过去锦衣玉食的生活，每天为各种琐事烦恼，仍然不能过梦想中的安静生活。

国王想要归隐山林，安享晚年，可是这位总是想要"充实"自己的国王很快又成了一方名人。其实，国王只要在起初的几个步骤停下来，他就能够过一种简单的生活。但国王放任自己的欲望越来越多，欲望越多，生活就越复杂。等他回过神来，再也不能过平静的生活了。

对待欲望，人们有两个方式，一是适当地控制它，二是尽量满足它。喜爱开车的人最喜欢上高速，只有在高速公路上才能真正享受到飞驰的快感。当他们沉迷在这种奔驰中，码数一再升高，危险也悄然降临。车主人车开得太快，他停不下，别人也避不开，这种车祸现场血肉横飞，极其惨烈。人的欲望就像开快车，到了一定的速度，如果不知道及时刹车，不但害了自己，也会给别人带来巨大损失。

欲望是人最基本的属性，没有人能摆脱欲望，也不必对它过分害怕。我们能做的是尽量给欲望定一个底线和标准：在这个标准上，既能让自己生活得舒服、自在，又不会太过损害别人的利益；在这个标准上，心灵能够保持一种宁静而又积极的状态，不会因贪婪劳累，也不会因碌碌无为而迷茫。也许我们尚未知道如何把握这个标准，那么，等有一天察觉自己的拥有已经太多，灵魂早已疲惫不堪时，那个标准已经来到你的面前，记得要理智地对自己说："刹车吧。"

人生短暂，知足的人才能快乐

星期天，一群人在河边钓鱼。岸边人一多，大鱼就不容易往岸边靠，多数人只能钓到一寸长的小鱼。在钓鱼的人中，一位老人特别引人注目，他坐在钓竿旁悠闲地翻着一本书，偶尔才看一眼钓竿，然后继续慢悠悠地看书，不时还念出几句。

可是，这位漫不经心的老人运气却是最好的，一个上午，已经有三条两尺长的大鱼被他钓了上来。更让人吃惊的是，他看到那些大鱼，只是摇摇头，把鱼重新扔回到河里。

有人忍不住上前问他说："好不容易钓到大鱼，你为什么要放了它们？"

"要它们有什么用？我家里没有那么长的盘子，也没有那么大的锅。"老人说。

在生活中，多数人都克制不了自己的欲念，像那些钓鱼的人，认为上钩的鱼越多越好。只有那位老人清楚地知道，拿到不需要的东西，除了增加自己的劳动量，浪费心力存储，还有什么用处？所以他果断地不要这些额外负担。多数人都是俗人，唯有老人是个智者。

我们常常觉得自己的负担重，当别人说："你为什么不取下来一点？"又觉得每一种负担都有用处，都舍不得扔掉，就像一个塞满旧衣服的衣橱，我们总是对自己说："那件衣服还能穿，那件衣服我还想穿。"天天把所有衣服挂在眼前，搞到自己根本不知道该穿哪件衣服，纯属浪费精力。实际上，很多衣服我们再也不会穿，只是摆在那里安慰自己。不如尽早将它们叠起来、收起来，需要回忆的时候小心翻看一遍，这才是拥有的真正含义。

只取自己需要的那部分，其余的都是负担，这是一种精炼的生存智慧。人生就如一次旅游，背负的东西越多，脚步就越沉重，能走过的道路就越短。看似得到了很多，实际上错过的更多。如果能降低自己的欲望，把攫取的心思用在生活的其他方面，专心致志地追逐最重要的目标，每个人的生命都能更加精彩和丰富，也都能更加懂得和珍惜自己的拥有。如此一来，生命的质量才会大大提高。

一个愁眉苦脸的男人坐在公园发呆，路过的人问他："这三天我都看到你坐在这里发呆，什么事让你这么烦心？"

男人说："最近我们公司即将裁员，我今年业绩不好，也许会被裁掉。儿子马上就要考高中，不知道成绩如何。"男人像是很久没有找人倾诉过，和路过的人说了将近半个钟头，路过的人沉默地听着，等男人全部说完才问：

"那么，如果你没有被裁员，事情就会好很多对吗？"

"就算没有被裁员，工资也太低了，也不会好多少。"男人越说越无奈。

"如果你的孩子考上好高中，你又要担心他能否考上好大学？"

"没错。"

"你为什么不想想，你现在还有工作，比那些街头找工作的人要幸运得多；你的儿子在努力学习，比那些完全没有实力的孩子要强得多。总是想着不好的事，怎么会不烦心呢？"路人说，"你知道吗，我的儿子已经连续两年高考失败，我也已经下岗三个月，还没有找到工作，但是我现在仍然能够安慰你，因为我比你更知足。"

路人说完转头走了，男人思索了很长时间，终于走向家门，他要给儿子买一本新的参考书，还要在吃饭后准备明天的企划书。

在我们忧愁的时候，旁人的安慰听起来不痛不痒，没有任何实质帮助。

就像故事中的男人听到路人的劝导却表现出冷漠。直到他听到路人的遭遇比自己更不幸，男人这才懂得，人的幸与不幸不在于外界条件，而在于自己的内心是否知足。

相对于无穷无尽的欲望，知足是一种境界。知足就是珍惜自己拥有的事物，除此之外别无他求。一个人的欲望有限，他看待世界的目光就不再是算计和攫取，而是平和与理解。他会发觉贫穷不算什么，因为生活还有其他财富；生病不算什么，因为有人关心；失败不算什么，至少还留有实力……一切都有好的一面，他们的心里始终有普照的阳光。

一个人一旦懂得知足，他的内心就会永远存着坦然和感恩的念头。人生的烦恼只是小小的插曲，容易忽略也不会造成伤害。经历的挫折也是上天给予的财富，能够从中吸取宝贵的部分，增加自己生命的重量。没有什么值得哭泣，因为已经拥有那么多幸福。对知足的人来说，困难并不是困难，总会有解决的办法、突破的出口。

知足的人有福气，面对花花世界，他们能够抗拒外界的诱惑，也能够控制盲目的欲望，一心一意地对待自己的生命。他们比别人更加懂得，快乐来自满足，知足就是幸福。

第十章
放下执念，真感情是成就彼此

爱情是双人戏，不要一个人演

在国外，有这样一个小女孩，她从小就喜欢住在同一楼上的一位作家。她认为这个男人英俊迷人，让她无法自拔。然而，男人是个风流的人，小女孩想不到如何才能独占这个比自己年长的男人，只能默默地暗恋。

后来，小女孩长大了，她曾经鼓起勇气和这个作家来往，哪怕仅仅是一夜情的关系，甚至还为作家生了一个孩子，但是，她一直没有将自己的爱情告诉作家，作家甚至不记得她的存在。临终前，她给作家写了一封信，详细地叙述了这么多年对作家的单恋，作家知道后十分感动，但是，他根本想不起这个女人究竟是谁，女人也没有给他留下任何寻找线索。

这是奥地利作家茨威格的一篇小说——《一个陌生女人的来信》。

世界上有没有始终不变的爱情？答案当然是"有"。那么有没有始终不变，却始终不让对方知道的爱情？这样的爱情是否有意义？在《一个陌生女人的来信》中，女主角宁愿单恋也不愿向作家表白，她坚持"我爱你，与你无关"。她放弃幸福的可能，单单守住了一份暗恋，但这暗恋不会有任何结果，作家甚至不能确定这个女人究竟存不存在。

暗恋者是最辛苦的人，所有的感情对方都不能体会，所有的奉献对方都没有察觉，所有的心血对方都不了解。一个人一味付出，另一个人不闻不问，这种巨大的失衡给人带来的永远是折磨多过愉悦，艰难多过享受。人们说暗恋的人有自虐倾向，他们不管付出是否值得，只一心一意编织自己的爱情迷梦，忘记了爱情的最圆满境界应该是两情相悦，两个人共同分担的甜蜜，而暗恋的人却只能尝到苦涩。

还有一种感情与暗恋同样不幸，就是明知对方不爱自己仍然坚持的单恋。明知没有结果却还是放不开，幻想只要坚持就会有奇迹，只要付出就一定会感动对方。没有人能指责这样的做法是错的，或者不恰当的，却会惋惜这个人也许即将错过更适合他的人。对于被单恋的那个人，这份感情同样沉重，当他看到对方无条件地为自己付出，却不能满足对方的心愿，最后他只能选择逃避。两个人的爱情不一定是喜剧，一个人的爱情却注定是悲剧。

国外一家心理机构曾做过这样一个实验，参与实验的人一组两人，A要把一个大箱子里的所有东西放在B手里，给予和接受的行为不断进行。渐渐地，A觉得自己把能给的东西全都交给了B，却什么都没有得到；B觉得A给的太多了，自己无法承担。如此一来，A和B都觉得十分痛苦。另一组的两个人则不一样，他们互相给予，也互相接受，最后都认为自己得到了很多东西，感觉十分愉快。

爱情也是如此，一旦付出和得到失衡，双方的关系不平等，就会造成一个人成了空壳，一个人负担过重。只有双方互相给予，才能达到完美的境界。

这是一个有趣的心理实验，在两个人的爱情中，一旦一方付出太多，一方接受太多，反倒会造成两个人同时失去轻松的心情。一个在经年累月的奉献中感到厌倦，一个在长久的承担中想要逃避，这时候爱情不再是一件美好的事，而是成为一个沉重的负担。全心全意地付出收回的不是感动，而是怨怼。

每架天平都有一个重心，天平两边同时增加砝码，它才能保持平衡，一旦失衡，重心就会偏移。爱情是两个人的事，相互的给予才能维持心理和实际上的平衡，失衡的事物会偏离中心，这就是单恋者不幸福的原因。多年前，一首老歌唱出了暗恋者和单恋者的心态："是谁导演这场戏，在这孤单角色里，对白都是自言自语，对手都是回忆，看不出什么结局。"单恋者的美丽是自怜的、悲伤的，那本不是爱情的常态。

美好的爱情应该是两个人的事，两个人一起度过的日子，两个人一起欣赏的风景，是两个人心心相印，齐心协力地朝着共同的目标前进。我国从古代就有"执子之手，与子偕老"这样的诗句，单恋者牵不到爱人的手，只能孑然一身走在人生道路上，这是太过偏执的结果。当别人成双入对，你一个人形单影只时，你怎么能有幸福？真正爱一个人，就要当走在他身边的人，而不是一个跟着他身后的影子。

爱情是双人戏，不能一个人演，徐志摩说："我将于茫茫人海寻找唯一之灵魂伴侣，得之，我幸；不得，我命。"与其迷恋一个并不爱自己的人，不如放开执念，去寻找真正的灵魂伴侣。"天涯何处无芳草。"这句话并不是说一个人应该花心，而是提醒一个人不要在一份不属于自己的爱情上迷失，应该移开自己的目光，去寻找那个真正属于自己的人。

月不常圆花易落，缘分不可强求

据说爱情是月老手中的红线，有缘千里一线牵，命中注定的两个人，即使远隔千里，也会聚在一起。相反，没有缘分的人，即使走在同一条街，也会擦肩而过。缘分的到来谁也不能预料，缘分要走的时候谁也留不下，所以人们才会说缘分难求。面对缘分，我们唯有随缘，珍惜它的到来，珍惜它给自己带来的幸福，当它要走的时候，也不要苦苦挽留，潇洒地和它告别。人生还长，总会有另一份缘分值得你去付出。

爱是一种无私的情感，爱对方的时候经常忘记自己，是爱情的常态。现在有越来越多的人通过自身经历告诉我们：爱对方的同时，一定要记得爱护自己，因为真正爱你的人，欣赏你的为人，尊重你的个性，希望你更加幸福。一旦你为了对方将自己变为另一个人，很可能就是对方厌倦你的开始。一个爱自己的人，即使经历分手也不会否定自己，因为知道自己努力过，付出过，即使缘分到了尽头。

"毕业那天说分手"，是大学爱情中经常面临的挑战，因为前程的不同，选择城市的不同，继续读书与就业的不同，大学时恩恩爱爱的情侣都会忍痛与另一半分手。

安安就是一个在毕业时向男朋友提出分手的女孩。她和男朋友相恋三年，感情深厚，但是，她发现自己和男朋友并不适合走入婚姻，因为她和男朋友都是恋家的人，他们一个来自南方，一个来自北方，都舍不得离父母太远，而且在家乡可以找到好的工作，他们都很犹豫要不要为了一份爱情放弃家庭和前途。

　　安安认为，既然两个人都在犹豫，说明他们的感情没能深厚到为了对方放弃一切的地步，那么牺牲一个人成全另一个，总会有一个人都觉得不甘心，那么不如及早分开。

　　分手后，安安经历了一段很难挨的日子，终于在两年以后走出低谷。又过了一年，安安认识了现在的老公，很快结婚，生活幸福，这时她听说以前的男朋友也刚刚结婚。他们分手后第一次通电话联系对方，发现对方现在很幸福、很满足。他们并不后悔大学时爱过对方，也不后悔毕业时说了分手，他们只是缘分不够。幸好，两个人没有强求，理智地分开，终于找到了各自的幸福。

　　大学毕业时，安安和男朋友为前途分开，三年后，他们找到了各自的幸福。当再次联系对方，他们听到了对方一切安好的消息，觉得心中很安然、很幸福，为对方，也为自己。比起婚姻，这样的结束固然不够圆满，但何尝不是一种坦然的美丽？

　　花开就有花落，月圆就有月缺，万事万物有开始就有结束，爱情也是如此。很多人苦苦追求不属于自己的东西，想要留住已经逝去的缘分，即使明知"强扭的瓜不甜"，也要握着一条苦瓜不放手。结果就是两个人整天生活在痛苦之中，互相折磨。有的人会将爱情当作生命中值得珍藏的礼物，在最适合的年龄送到自己手中，又因为缘分的结束而在自己的生命中隐去，但那美好的感觉却一直让自己心醉。

覆水难收，分手就不要回头

离婚后，小何经常想起前夫小赵。在一起的时候，他们因为鸡毛蒜皮的小事争吵不休，动辄上升到原则高度，谁也不肯让着谁。分开以后，才发现小赵有许许多多别人没有的优点。为了忘记小赵，小何迅速地交了新的男朋友，很快到了谈婚论嫁的程度。

这个时候小何发现，自己爱的人始终是小赵。她拒绝了新男友的求婚，想要回头找小赵，却发现小赵也有了新的女朋友，两个人很恩爱。小何陷入痛苦，她的女友开导她说："你仔细想想，复合了又怎么样？你能为他改变你的性格吗？他能为你改变吗？你们谁也不会为对方改变所以才会分手，就算复合最后也还是一样。你只有放开他，才能找到更适合你的人。"

小何明白女友的话都是对的，两个人的爱情只有一次，一旦分开，就覆水难收了。

人生最大的遗憾是发现自己失去了最好的东西。故事里的小何想要复合，却发现小赵已经有了新的女朋友。陷入痛苦的小何被朋友开导，难道复婚就是幸福的吗？如果真的有办法，谁会选择分手？只要两个人不能改变各自的性格，第二次婚姻和第一次又会有什么区别呢？有些感情不是不美，而是不合适，即使勉强走到一起，也不会长远。

当一份爱情走到尽头，分手就成了必然。覆水难收，过了期的感情即使回收，也不再是原来的滋味。有时候人们想要的并不是那个人，而是当初的激情，但激情一旦冷却，就如死灰不能复燃，复合也就成了一种强求。

既然决定分手，就只能按照自己的选择走下去，不要回头也不要后悔。因为后悔只是给遗憾加了一个尾巴，延长的不是幸福，而是错误。

有些恋人有复合的机会，都想重新尝试，再爱一遍。他们很快发现，在分开的过程中，爱人已经有了改变，变得不再熟悉，甚至不能确定自己是否依然爱眼前的这个人。过去曾让自己伤心的那些事还没有忘记，彼此深深的隔阂并不能因为复合而解除，旧的烦恼并没有消除，新的烦恼还在增加，重建比建设更困难。这个时候他们又认为复合只是一种冲动，把本来结束的故事重新开始，不一定有好结果，也许还不如不要重逢。

何杰喜欢同学莉莉，在他的努力追求下，莉莉成了他的女朋友。大三时，二人分手，何杰认为自己再也不会遇到一个自己如此喜欢的女孩，他一直希望莉莉能够回头，他为此不懈地努力。可是莉莉坚持两个人之间已经结束，劝他不要再对自己执着。

何杰的努力持续了五年，身边的朋友都劝他："天涯何处无芳草，再找一个好女孩吧。"何杰却仍然执迷不悔。又过了一年，朋友们突然收到何杰寄来的结婚请帖，意外的是，新娘的名字并不是莉莉。面对朋友们的询问，何杰说："没有缘分就是没有缘分，放下，对两个人都轻松，何况我找的这一个更加适合我。现在我才能真正感觉到爱情的幸福。"

失恋是一件痛苦的事，被甩则更是痛苦。何杰与一直深爱的女孩分手后，直到几年之后，才终于懂得了覆水难收，交了新的女朋友。人们总是要等到伤痕累累之后，才能明白单方面的守候没有出路，才能明白爱情是双方的，只有适合自己的人才能给自己幸福。

爱情一旦错过，就不能重来，越是不能忘怀，就越是痛苦，越是不能理智地分析。仔细想想，分手不一定是一件坏事，复合多数时候会让人失望。分手，意味着不合适，意味着难以妥协，不合适的人又何必留恋？在爱情的领域，错的人才会分手。你已经放开了一个错误，何苦再去找回它、重复它？错的就是错的，不论怎样修改，都不会尽如人意，不会成为正确答案，还不如尽快去找对的那一个。

有人说，失去了懂得珍惜，失去的才是最好的，这是一种极度不公正的评价。其实现在拥有的，并不比以前的差，只是记忆中的事删除了不愉快的部分，变得格外美好罢了。如果因为回忆的美化作用就否定了现在，对于自己，是一种损失，对于身边的人，是一种不公平。过去已经过去，一再回头，就会看不到前方的路，不如把遗憾留在身后，带着感悟去领略更多。故事已经结束，狗尾续貂只会减少人生的乐趣，不如另开新章，写下新的精彩。

有一种爱叫作放手

有些人不计回报地付出，想尽一切办法希望得到对方的注意与爱慕，可惜，并不是每一份真挚的爱情都能够得到回报，很多时候爱情存在一个怪圈，A爱的是B，B爱的是C，C爱的是D……想要碰到"刚刚好"的那一个，不是那么容易的事，所以人们只能不断寻找，又不断失望。

爱的人不爱自己，或者爱的人不再爱自己，都是很难接受的事。曾经有一篇报道说，一个大学男生因女朋友提出分手，将一瓶硫酸泼向女友，造成女友重度毁容，男生因此入狱判了重刑。这样悲惨的结果让女孩终身不能再有美丽的面孔，男孩也毁掉了自己的前途，面对漫长的牢狱生活。人们会问，做到这个程度，这个男孩真的爱女孩吗？难道独占就是爱，伤害对方就是爱？

赵嘉终于和男友分手了。三年以来，她在每个白天绞尽脑汁地讨男友欢心；又在每个夜晚担惊受怕，害怕失去深爱的男友。最后，她终于选择了放手。

赵嘉和男友是大学同学，大学时，男友本来有女朋友，两个人脾气都冲，经常吵架，在一次激烈的争吵后决定分手。赵嘉明知男友仍然爱着那个女孩，还是趁着他寂寞时对他无微不至，并不断示爱。最后，男友被赵嘉感动，和赵嘉确定了恋人关系。

但赵嘉明白，男友始终放不下那个女孩，那个女孩也同样忘不了赵嘉。有时候赵嘉觉得在三个人中间，她才是第三者。男友是个负责任的人，并没有和她提出分手，也没有和那个女孩藕断丝连，但赵嘉发现，两个人偷偷地留意着对方的一举一动，熟悉对方遇见的每一件事。赵嘉努力对男友好，有时候也会与男友争吵，问男友自己到底哪一点不如那个女孩。终于有一天，赵嘉想开了，爱一个人就要让他幸福，她主动提出分手。她相信，世界上一定也会有属于她的缘分。

像每一个相信付出就会有收获的女孩一样，赵嘉相信，只要自己努力对男友好，付出足够的感情、关怀、耐心，男友一定能够忘记从前的女朋友。但事与愿违，于是赵嘉决定放手，成全了对方的爱情，也成全自己今后的幸福。她相信自己也会遇到相同的缘分。

人们常说，一分耕耘一分收获，这句话显然不适用于爱情领域，爱情的本质是一种感觉，这种感觉甚至没有原因。人们常常看到这样一种情况，一个人面对很多追求者，却选择了外貌不够好、学历不够高、性格也不那么可爱的一个，所有失败者都在问："为什么？"这个人微笑不语，他知道爱情不是择优录取，只有自己真正喜欢的人才能给自己幸福。所以，大可不必感叹自己不是那个被选择的人，不是你不够好，而是你们没有缘分。

人生常常会有遗憾，爱情也会不尽如人意，当两个人的情感出现裂痕，或苦苦喜欢的人从不在意自己，想要维持住爱情的美好感觉，只能选择成全对方。成全对方不但能得到对方的尊重和感激，更重要的是尊重了自己，保护了自己，让自己不必再徒劳地做一件没有结果的事。放弃固然是一种无奈和遗憾，但得到的却是一份纯洁的友谊以及自己崭新的未来。看看所爱的人的笑脸，也就明白了爱的意义。

每个人都是在不断地受伤与领悟中开始成长，一份感情带来的伤害只是成长的一部分。它让家更懂得珍惜自己，更懂得如何去爱，不必为谁对谁错斤斤计较，也别再去想曾经的付出，放开你紧紧牵着的那只手，因为对方不是那个陪你走一辈子的人。比起强求、比起伤害，祝福才是最美的结局。

不适合你的人，再美丽也是个错

方方是上海一家金融公司的高层员工，从业十年，她的职位越来越高，感情也从稚嫩走向成熟。方舒毕业于复旦大学金融系，进入这家公司后，她的上级对她照顾有加，让独自居住在大都市、没有什么朋友的她感到温暖。再后来，她和这位上级成了恋人。

一年后方方才知道，原来上级有夫人，也有孩子，他们都定居在国外。上级是总公司派到分公司来工作的，只能在上海工作五年左右的时间。上级表示，为了方方，他会尽量延长在上海工作的时间，即使他以后调回总公司，他也能每个月，甚至每星期回来与方方相聚。

这样的关系持续了将近两年，方方为两个人的关系痛苦，又无法放弃这段爱情。有一天，方方回到家乡和父母团聚，父母开心地请了一大家子的亲戚。方方发现，自己的表妹表弟们基本都结了婚，一对一对恩恩爱爱。当长辈们问起方方的终身问题，她苦笑一下，说自己还没有考虑。

回到上海后，方方切断了和那个上级的一切联系，她知道自己想要的爱人应该随时随地都能陪在自己身边，既然自己找错了，那就应该以最快的速度改掉这个错误。

有人说，爱情没有好不好，只有合适不合适。世界上既有看上去极为相配的情侣，他们男才女貌，性格互补，事业家庭蒸蒸日上；也有那种看上去完全不配的夫妻，看上去不那么"门当户对"，但这些人的幸福是一样的，后者的幸福感并不必前者低。因为合适，所以满足，所以安心。找一个合适的人，就是给自己的爱情买了一份终身保险。

相反，不合适的人就像一只孔雀和一只黄莺，二者都很美丽，却不可能成为幸福的一对。不适合的人在一起，总免不了磕磕碰碰，争吵不休。他们固然是相爱的，但相爱简单相处难，爱情并不仅仅是一时的激情，还有长久的相处。两个人的相处需要磨合，一旦磨合失败，在一起就会变成双方的痛苦。甚至到了最后，连最初的激情都会被磨平，两个人成为怨偶，这样的关系只能以分手告终。

年底，家里进行大扫除，女儿负责打扫地下室的仓库，她无意中发现了父亲年轻时的日记，日记里写了父亲对过去女朋友的爱恋，还夹了那个女孩的照片。女儿回想起父亲母亲从来没提过这个女孩，也许母亲根本不知道这个女孩的存在吧？女儿将日记本压进箱底，她不希望有什么事破坏父母的感情。

可是，当天晚上，母亲还是看到了这本日记，原因是她刚好去地下室找东西。女儿以为母亲会大发雷霆，或者很伤心，母亲却很平静地将那本日记放回原位，对女儿说："我知道这个女孩，年轻的时候，她是你父亲的女朋友，他们因为个性不合分手。每个人或多或少都追求过不适合自己的东西，就算分手了，也不能放下。"

"妈妈，你真的不生气吗？"女儿问。

"为什么要生气呢？我和你爸爸现在不是也幸福吗？"母亲反问。

年底大扫除的时候，女儿意外发现父亲的秘密——父亲曾经爱过别的女人。更让她没想到的是母亲不但知道，而且很大度。母亲说只要现在是幸福的，就不必为过去介怀。过去发生的一切都是生命的一部分，难以忘记，会珍惜是人之常情，但每个人都生活在现在。

心理学研究表明，越是得不到的东西，人们就越不想放弃，所以人们即使知道现在的爱人不适合自己，现在的爱情并不美好，也不愿意放弃，因为他们远远没有达到想要的目的。他们幻想不适合的人有一天会变得适合，但爱情就像买鞋子，合不合适，只有脚知道，只差一个号码，穿久了能习惯。若差得太多，受罪的是自己的脚，浪费的是那双鞋子。因为"不适合"这种理由分手，本身就代表了一种对自己的否定，充满了不甘心。而明知道不适合还要在一起，就是自讨苦吃。

有时候人们愿意坚持错误，认为只要努力就能将错误更正，感情来之不易，好不容易爱上一个人，怎么能说放就放？这样的人注定要受爱情折磨，极少数人修成正果，多数人都在现实与理想的差距下惨败而归，满身伤痕。只要不后悔，经历一次这样的爱情也很好，至少让人生完整。但那个和你过一辈子的，只能是适合你的人。

抓紧不合适的爱情，就像舍不得放下一双不合脚又很美丽的鞋子，一次次对自己描述这双鞋子的优点，但这双鞋子就算再好，不是穿着太大，就是穿着挤脚，天长日久，穿它的人也会苦不堪言。不适合就是不适合，再美丽也和自己无关，不如放下它，让自己轻松。面对不适合的爱情，早一点放手，早一点离开，你失去的仅仅是一个不会给你带来更多幸福的人。人生可以有一时遗憾，但不能终身遗憾。

人生有四季，你错过的只是一个春天

梅和伟相识在大学里的一场联谊舞会上，伟说当他第一眼看到穿着白色长裙的梅，就有一见钟情的感觉，而优秀的伟也让梅心动不已。两颗心自然而然地靠在了一起。

四年大学生活，梅和伟的感情愈来愈深。毕业后，他们在同一个城市找到工作，准备一年后买房结婚，可是，不幸的事发生了，伟因为车祸离开人世。梅整天以泪洗面，很长一段时间甚至不能正常工作。

梅的母亲不忍心看女儿一直消沉，开始为她物色新的男朋友。可是梅一直怀念着死去的伟，她每天回家都要抱着伟的西服发呆，那是梅买来送给伟的。直到有一天，梅去出差时，小偷偷走了家里所有值钱的物品，包括伟的那件西服。梅突然发现，人生就意味着很多次失去，不论对象是衣服还是人，失去的就是失去了，而新的东西会不断出现。也只有失去过的人，才能知道拥有的可贵，才能更珍惜现在的一切。

从那以后，梅不再郁郁寡欢，她更加珍惜身边的亲人和朋友，以及自己的心情。

痴情的梅在男朋友伟去世后，整日以泪洗面，伟留下的每一样东西都成了梅的宝物。有一天，小偷光顾了梅的家，偷走了所有的东西，梅才明白失去的再也无法挽回，只有仍然活着的人才是自己最应该珍惜的，她终于走出了失去爱人的悲伤，更加珍惜自己的生活。

　　面对爱情，很多人不明白什么是残缺、什么是完整，很多努力都是在抱残守缺。像故事中的梅，她以为思念伟、整日以泪洗面就能保证爱情的完整、但伟已经不在，回忆不能代替爱情。爱情是残缺的，就连梅停滞不前的生命都变得残缺了。梅真必须出来，因为她的爱情成为过去，她只有走出去，她的生活才能因她的继续努力而变得完整。

　　生活就像一本书，你永远不知道下一页写着什么，也不知道明天会遇到什么，所以不能停止翻书的动作，一页看完，就要看下一页。如果仅仅盯着其中的一页，你的生命只能到此为止，不会有更多的惊喜。人们常说自己遇到了最糟的事情或最好的事情，其实他们只是在和过去比。对比长长的未来，他们也许会遇到更糟的或更好的。人生有喜有悲，不去体会才是最大的遗憾。

　　佳佳就要结婚了，她在娘家整理自己过去的东西，有些要扔掉，有些要留在娘家，有些要带到新家去。这时，她发现一本上锁的日记，佳佳清楚地记得，这本厚厚的日记是她在高三到大三阶段写下的，里边记录了她从前的两段感情。在和第二个男朋友分手后，佳佳将日记锁了起来，扔进储物室。她没想过有一天，自己会用平静的心情重新翻开这本日记。

　　当她看到日记本上写道"我知道我今后再也不能遇到这样的爱情"、"我不会再为任何人付出我的感情"、"我不会再为什么事如此难过了"等句子，她仔细回想，那究竟是什么样的爱情、什么样的人，又是怎样的难过，她想到的只是一些模糊的回忆。她知道，过去的爱情比不上现在的幸福，就像一首歌唱的："原来爱曾给我美丽心情，像一面深邃的风景，那曾爱过他却受伤的心，丰富了人生的记忆。"

每个喜欢写日记的人大概都有和佳佳一样的经历，时过境迁，翻开从前的日记本，发现当时认真写下的话都很傻，过去曾经伤心的事，现在看来是那样微不足道。过去以为一生只有一次的爱情，现在看来只是年轻时的一时冲动。她再也没有从前的激动，取而代之的是平静与感恩，对那些模糊的记忆，也对曾经天真的自己。

有人说："爱情是什么，全世界都在找，从来没有人看到过。"没有人能够说清楚爱情究竟是什么，付出过真心的都是爱，即使结局不理想，回想起来依然有怀念的感觉。但过去就是过去，就像面对一个堆满太多东西的房间，总要扔掉一些用不着的东西，腾出空间安放更好的。比起最珍贵的东西，过去太远。当以一颗成熟的心回首往事，细细盘点我们失去的究竟是什么，当然有那些属于青春的纯真稚嫩，也有属于过去的遗憾挫折，就像李商隐写的诗句"此情可待成追忆，只是当时已惘然"。当一切过去，我们能够把握的只有一份回忆。所以才更要珍惜当下，珍惜每一个"当时"。

除了死亡，我们不能停下人生的脚步，既然向前看，有些东西就要丢弃，有些感觉只能怀念。时间就像河流冲洗掉心灵的沙粒，能够留下的都是宝贵的纯金。不要说别人在变，其实你也在变，不论是价值观还是爱情观，都会在最初的基础上越来越成熟。最初的不一定是最好的，错过的又怎么能肯定是对的？不必问今后还能不能碰到这样好的人，也不用想明天有没有这样的感觉，让自己和他人自由，人生有四季，你错过的只是一个春天。

第十一章
祛除芜杂，聚焦你最重要的事

简单生活是对心灵的净化

几年前，一股"乡村体验热"悄然在上海白领中流行，这些习惯快节奏生活和高额薪水的白领们主动请假几天，或辞去职务，亲自到乡下体验生活。他们中有的人去当小学教师，有的人走上田地，有的人进入乡村工厂，每天吃着粗糙的食物，拿着微薄的薪水。

很多人不理解他们的做法，他们说："从前，我们每天都在抱怨自己的工作，认为人生太累，生活不自由，有了乡村体验后，我们才终于知道，原来我们一个月的工钱，在有些地方需要付出一整年的劳动才能得到；原来我们所谓的烦恼，在繁重的劳动下不值一提；原来快乐并不是出国旅游，而是每天工作后舒服地洗一个冷水澡，当我们有过这样的经历，再回到大都市，我们觉得一切都是崭新的，甚至是一种享受。"

过惯都市生活的白领，突然想要去乡下体验生活。在那里，她们每天不是穿着昂贵的衣服，涂抹高级的化妆品和保养品，坐在电脑前敲键盘，或者在办公室侃侃而言；而是穿着粗布衣服，做着可以把手磨出老茧的粗活，领取微薄的薪水。他们体会最简朴的生活，重新看待身边的一切，发现一切都是新鲜的、有趣的，是一种难能可贵的享受。

在大城市的一些餐馆有一种"忆苦思甜饭"，很多人去这样的餐馆品尝几十年前人们的家常菜肴。当他们吃着粗粮，就体会到平日吃不下去的饭菜如何美味；当他们想起先辈们在艰苦的环境中生活，就会明白平日的生活是如何舒服方便。每一次返璞归真，都能让人的心灵为之一震。当你明白自己拥有的已经足够多，甚至过多，你会想要追求一种简朴的生活。

当城市越来越高速发展的时候，人们的压力越来越大，很自然地将目光投向乡村，由此带动了一波又一波的旅游浪潮，也因此带动乡村旅游业和产业链的发展。

简单不是敷衍，不是放弃追求，很多成功者谈到自己的经验，都会说到一个词：删繁就简，砍掉那些枝枝蔓蔓，不为琐事操心，省略掉不必要的过程，只盯住自己定下的目标，走一条最短的直线。他们没有密密麻麻的计划表，每天要做的事写在一张纸上，做完随手删掉，将效率提到最高。而生活上的简单不是穿简朴的衣服，吃粗糙的饭食。简单的生活是当你拥有一件衣服时，明白它的价值，发挥它的功用，不是将它压入箱底去寻找更漂亮的衣服……简言之，简单在于心灵上的知足，在于能够对自己说："够了，我的生活很好，我非常满足。"简单是一种心态，能够带来积极生活的心态。

一个贫穷的农民正在煮腊八粥，这时屋外出现三位老人，他们对农民说："我们的肚子很饿，可以让我们喝一碗粥吗？"农民是个善良的人，他客气地请老人们吃了饭。老人们吃饱喝足后说："我们三个都是天上的神仙，你很善良，我们决定奖励你，我们三人一个代表财富，一个代表健康，一个代表快乐，你可以选择我们中的一个留在你家里。"

农民想了很久，最后说："比起健康和财富，我更想要简单快乐的生活。"三个老人笑着说："你的选择是最明智的，有了简单快乐的生活，才会有健康和财富，所以我们三个都会住在这里一直保佑你。"

腊八节那一天，三位仙人降临到一个穷人家，问他想要选择什么样的生活。穷人的想法很简单，他可能因为健康而失去过好日子的机会，也可能因财富失去身体的强壮，不如不论贫穷富有，疾病健康，都能保持一份快乐的心态。所以，他选择了简单快乐的生活。他没想到，健康和财富就跟随在这种选择之后，这个故事告诉我们，简单就是快乐。

人们都知道"简单"能够带来的益处，生活简单，可以减少麻烦；心态简单，可以减少烦恼；思维简单，可以少走弯路；感情简单，可以保持单纯……但是，现实生活的种种诱惑，让人们不愿简单，他们喜欢让问题复杂，让人际关系复杂。归根结底，他们不相信世间有"简单"，即使心中仍有单纯，也不愿意用自己的"简单"应对他人的"复杂"，因为那意味着失去利益的危险。以不简单的眼光看世界，世界只会越来越复杂。

也有人认为"简单"只能存在于不懂事的小孩子身上。其实，每个人都可以像小孩子一样快乐。在美国西部有一片沙漠，很多退休的老人自发组织开车旅游。他们不远千里来到荒漠公路上，只为享受烈日、风沙，以及此番经历的快感。他们有的是富翁，有的是普通职员，坐在一起聚会时不知道彼此的身份，在聊天中交换共同心得——如何来到这里，走了多少弯路，沿途看到了什么。在他们的笑声中，有发自内心的快乐。

在忙碌中，人们应该学着让自己简单。简单有一种安定的力量，简单的衣食住行、简单的生活习惯、简单的娱乐……都能让人们找回生命最初的单纯，心灵就在这个回归过程中得到净化，变得坦率而开阔。

一张一弛，调整自己的身心时刻表

动物行为学家劳伦兹喜欢养小动物，观察动物的一举一动。他曾经用大鱼缸制作了一个水族箱，用石头、沙、水草、鱼、螺蛳、微生物等等数量的均衡，达到鱼缸里的自给自足。这个水族箱非常美丽，所有生物都能自由自在生长。

有一天，劳伦兹向水族箱里加了一只金鱼，他原本以为这只漂亮的鱼可以使水族箱更有生气，没想到，一只金鱼的加入，使水族箱的生物平衡被打破。里边的动物接二连三死去，鱼缸里的水逐渐变臭，变黑，最后变成装满尸体的死水。劳伦兹没想到，一条鱼竟然导致了整个生态系统的毁灭。

劳伦兹用鱼缸模拟了一个小小的池塘生态系统，那里面的每一条鱼、每一根水草、每一只生物都是恒定的，它们共同维持着小池塘的生态平衡。这种平衡能够保持，池塘就能正常地生老病死，欣欣向荣。一旦平衡被打破，哪怕只是加入一只小鱼，都可能拖垮整个系统，让原本热闹的水族箱变成死水。

人的身体也是一个小型生态系统，各个细胞、神经、器官之间相互协作，构成了一个有机整体。一个细胞的病变，很可能引起整个机体的疾病。现代医学发达，很多疾病能够治愈，但有一种疾病却会常年影响人的身体和精神，它没有特别的征兆，也没有厉害的发病表现，它会使人的免疫力整体下降，使人的抗病能力越来越低，这种称不上疾病的疾病就是疲劳。

疲劳又分肉体疲劳和精神疲劳，高强度工作或运动会导致肉体疲劳，纷杂的生活烦恼和沉重的生存压力会引起精神疲劳，肉体疲劳是疾病的前兆，精神疲劳会导致人的萎靡。当两者交替作用在人身上，会产生劳累、力不从心、注意力无法集中、失眠、健忘、易生病等多种症状。如果我们不注意自己的身心健康，导致整个身体的病变，引起衰老甚至死亡。

一场大病使史蒂文森先生住院三个月，出院后，史蒂文森先生明显地减少了加班。从前即使到了双休日，他也会做空中飞人，去各个城市和厂商们谈生意。现在每到休息日，他就会拿起高尔夫球杆去健身俱乐部运动，笑称自己是准奥运选手。

一次，他的合作对象希望他在周日参加一个融资会议，史蒂文森先生拒绝了这个提议，合作对象说："你现在正值壮年，应该多赚点钱，你耽误一天，就可能耽误十万美金的生意。"

史蒂文森先生幽默地说："我每个月多工作四天，多赚四十万美金，可是为此要减少四年寿命，我认为后者损失更大！"

一场大病使忙碌的史蒂文森先生改变了生活态度。从前的他即使在休息日也会去各个城市谈生意，不肯浪费任何时间。现在每到休息日，他都会放下工作去健身。史蒂文森先生认为生命的损失才是最大的损失，理智地处理了工作与休息的关系——生活的状态只能靠自己调整，健康是最应该关注的事，金钱如果够花，就不要太拼命。

越来越多的人抱怨自己年纪轻轻就感到心力不足，导致我们身心出现问题的原因其实是忙碌的生活。现代生活越来越快，过去需要一个月才能到达的国家，现在只要坐几小时的飞机；过去需要做几个小时的饭菜，现在只需要用微波炉做几分钟……人们似乎应该越来越轻松，实际情况却是我们也被带动得越来越快，每天急急忙忙地赶车、赶进度、赶时间，恨不得一天有四十八小时供自己超速奔跑。超速奔跑的列车会故障、会脱轨，高速奔跑的人一旦超越身体承受极限，极有可能出现"过劳死"。

不难发现，在我们身边，工作狂越来越多，为了奖金加班加点，熬夜早起成了家常便饭，或者因为工作繁重，无暇休息，将早就计划好的放松身心的假期一拖再拖。没日没夜的工作带来的是健康告急。当所有的时间被忙碌占据，心情也随之低落，精神出现萎靡。古语说："一张一弛，文武之道。"在保证工作的同时，一定要注意为自己减压，让自己休息，只有在宽松的状态下，才能保持长久的活力。

二次世界大战时期英国首相丘吉尔有一个习惯，不管多忙，每天都要午睡十五分钟，养精蓄锐，从而放松身心。人们常把精力旺盛、做出很多伟业的人称为巨人，惊讶于他们没有尽头的精力。事实上，没有人能做钢铁巨人，那些被称为巨人的人往往比别人更懂得爱惜自己的健康，想方设法保持自己的活力，以应付更多的挑战。我们也一样，想要做一个有长久影响力的巨人，首先要让自己活得长久、工作得长久，在奔忙的日子里不要过分逼迫自己，而是要告诉自己：这个时代很累，你要懂得爱惜自己。

从零开始，预示了无限可能

社会学家做了一个实验，将从 1 到 10 十个数字摆在测试者面前，请他们从中挑选一个。多数人选择数额较大的数字，这证明在潜意识里，人们都想得到更多。还有人选择了自己的幸运数字，他们认为这个数字代表一种好兆头。只有一个人选择了"0"。

社会学家问这个人为什么会这么选，这个人说："因为 0 预示着无限的可能,如果今后我获得了7,加上这个0,我就得到了70,我的起点是0,获得却是别人的十倍。"

在数字里,"0"是最奇妙的一个,看似什么也没有,只要前面或后面随便加一个数字,就会变成"有"。测验者们面对数字选择题,按照常规思考模式,尽量选择数值大的,或者自己喜欢的,没有人愿意选择"0"这个数字,因为它代表的是一无所有,没有人希望自己一无所有。只有一个人愿意肯定"0",他认为零起点的人收获往往比他人更多。

做任何事都是从零开始,小孩子出生时不会说一个字,不过几年就变得能说会道;小学生不懂人生道理,不过几年就会变成小大人;初入社会两手空空,不过几年就会有自己的存款……改变一切的不是时间,而是自己的努力。小孩子会模仿大人说话,一点一点地学习语言;小学生会在不断的错误和改正、批评和表扬中,在家长老师的教育下,明白什么是对什么是错,很快走向成熟;社会新人经过在工作岗位的打拼,学会了生存的技能,有了切实的人生目标,也体现了自己的价值,能够正视"0"的人,就能够正视自己的现状,也就有了改变现状的可能。

"零起点"是我们经常听到的一个词,培训班要注明"零基础学习",加盟店会标注"零起点经营",这种普遍现象说明了现代人的心态:渴望从无到有。从零开始,包含了一种对自己的鼓励和期待,从零开始,我们不会失去什么,而不管得到什么,都代表了我们的努力。生命是一个从无到有的过程,而且是一个反复从无到有的过程,"0"有巨大的作用,有些人甚至愿意放弃现有的资本,让人生清零,重新规划自己的生活。

大学毕业时,来自农村的洪磊经过了一个月的尝试,没有在大城市找到满意的工作。看到几个老乡每天不懈地投简历,洪磊却有了另一种想法:在城市读大学不一定要留在城市,回到农村一样有发展。

洪磊看中了养殖业，他首先用家里的存款买了一批兔子，因为缺少经验，没能及时处理一只生病的兔子，导致这批兔子死了一大半。从此以后，洪磊到处向人询问养兔子的技巧，还和几个兽医交了朋友，不厌其烦地到邻村向养兔达人取经，终于在年底赚到了几万元。这不是一笔大数目，但洪磊靠这笔钱建了一个小型的"养殖基地"。

几年后，留在大城市发展的老乡们还在为每个月的薪水奔忙，洪磊的事业却越来越好，却成了远近闻名的"养兔大王"。

从一个大学生变为养兔大王，不只要实现心态上的转变，也要切实地面对每日的养殖工作，离开城市回到农村的洪磊做到了这一点。他从零开始，一切从头学起，正是这种良好的心态，使他取得了留在城市的老乡无法取得的成绩。

很多人害怕"0"，失去双亲的孤儿、高考失利的考生、生意失败的商人、刚刚离婚的男女……生活中的"0"随处可见，它代表了某一方面的一无所有，或者完全失去。这两种情况都能让人变得脆弱，甚至否定自己的能力和存在。但是，任何时候都不能否定过去的自己：孤儿曾经被双亲喜爱，现在也背负着他们的希望；高考失败意味了另外一种人生可能，上大学并不一定适合你；生意失败但经营许久的人际还在、货源关系还在，这都增加了东山再起的可能；离婚的男女至少曾经拥有爱情，人生更加丰富，既然一切既然能够从零开始，感情也依然能够重新开始，曾经拥有过、满足过，就是最大的收获。

当生命装得太满，心灵承载过多的时候，我们需要手动清理，将那些繁杂的心绪扔掉，让自己重新充满活力，接受更多新的观点、新的方式，给自己寻找新的机会、新的快乐。这就是使自己回到"0"的状态。不要害怕一无所有，手中的"0"，代表的是无限种可能。因为是"0"，没有那么多的压力，没有那么多的顾虑，最差的结果不过是失败，本来就一无所有，失败又有什么关系？

多数时候，我们没有信心接受这个"0"，因为它虽然包含了对未来的期待，却也代表了对过去的某种否定。人们在什么时候愿意将过去抛开？一是失败的时候，二是想要另起炉灶的时候。前者虽然无奈，也包含了勇气，后者则是一种魄力。可以说，能够接受"0"本身就是一个了不起的行为，那证明这个人拥有极强的承受能力。

有一个事实常常被人们忽略——任何数字都有负数，只有"0"没有。本来空无一物，又怎么会有负担和压力？每一次清零，都意味着我们回到生命原初的状态，也许什么都不懂，什么都需要学习，却拥有无限的未来、无限的希望，所以不要惧怕从零开始，懂得"0"的人都是智者，把握"0"的人更能够勇往直前。从零开始，意味着与过去告别，向未来迈出扎实的一步。从零开始，每一步都是得到，都是成功。

福与祸，最古老的辩证

一条货船在风暴中遇难，只有一个船员靠抓着一块门板漂流到附近的一个小岛上。小岛上荒无人烟，船员靠身上携带的火种和简单器具，生火、抓鱼、净化海水，维持自己的生活，他每天都盼望有船只经过，能够将他带回大陆。他安慰自己："大难不死，必有后福。"

可惜"后福"一直没有来到，一天又一天，船员没有等到来救他的船只，他用岛上的木头盖了一个简单的房子，继续等待。一次他出去抓鱼，没有燃尽的柴火蔓延到整个木屋，船员的小屋化为灰烬。看到自己耗费心血的屋子被烧毁，船员的心中充满绝望。

正在这时，没想到的事情发生了，一艘船竟然向小岛驶来，船上的人对船员说，在海洋上没有人会注意类似的小岛，幸好船员发现燃起的浓烟，让他们意识到岛上有人，才会赶来救援。

一次意外的火灾使遇难船员的小木屋化为灰烬，但让人没想到的是，火灾的浓烟竟然使路过的船只发现了这个小岛，并使船员获救。海难过后还能生存是福，一直无人救援是祸；居住的木屋被烧是祸，因为浓烟获救是福……好运与厄运相随，人生的福祸是无法说清的。

几千年前我们国家就有"塞翁失马"的故事，塞翁家失去一匹好马，人们说他倒霉。塞翁说没什么倒霉的，也许是福气。塞翁一直生活在"福—祸—福"的过程中。那匹马几经周折，带回来另一匹马。后来塞翁儿子骑马摔断了腿，再后来因为断腿，塞翁的儿子免去了战死沙场的危险。旁人随着这些事的发展感叹不已，只有塞翁一直是个看透福祸的智者。他懂得老子所说的"福兮祸之所依，祸兮福之所伏"，面对得失福祸，能够保持一份常人没有的平静心态，让他能够经受住了人生的大起大落。

面临意外，人们习惯性地探讨是福是祸，究竟是吉星高照还是大难临头。把精力集中在思考福祸上，就会忽视更重要的东西：是福不是祸，是祸躲不过。它既然已经来了，你唯一能做的就是面对它。生活中人们总是希望自己能够幸福，祸事越少越好。当幸福来临时，他们心情愉悦；当祸事来临时，他们怨天尤人，诅咒命运不公，认为自己倒霉。其实不论是福是祸都是人生的常态，没有人能够一直幸福。生命中总有这样那样的不如意，让人感受挫折和困难；当然，只要心态好，没有人会一直倒霉，聪明的人甚至能转祸为福。

澳大利亚有一位传奇农夫,曾在业界引起轰动。这位农夫曾用所有积蓄买了一块地,结果发现那是一块劣质的盐碱地,不但不能种庄稼,连草都很难生长,牛羊在那里也无法存活。那片地并非一无所有,在烈日下,能看到成群的剧毒响尾蛇,这样一来,这位农夫甚至都不能在那块地上盖房子了。

农夫痛定思痛,决定因地制宜,利用响尾蛇赚钱。他首先向人学习捕蛇技术,将蛇胆卖给制药厂,又将蛇肉卖给全国的餐馆,蛇皮也不能浪费,全都出售给皮革制造商。靠着这三笔买卖,这块地的价值翻了几番,它的收入远远大过一块普通的田地。

倒霉的农夫买到了一块劣质盐碱地,好在农夫是个有头脑的人,懂得因地制宜,地里有蛇,他就打起了蛇的主意,只要有智慧,敢于开边脑筋,剧毒的蛇也能变成财富。农夫学习捕蛇技术,将蛇的各个部位分别销售给有需要的地方。靠着这些害他险些破产的蛇,他成了富翁。这就是人们常说的"因祸得福"。

很多时候,就算我们知道了人生是一个福祸兼有的过程,还是达不到塞翁的境界。我们的承受能力有限,人生阅历有限,有福的时候高兴,倒霉的时候痛苦,这是凡人的状态,也是生活的真实。我们还年轻,没有经过那么多历练和风浪,不必强求自己立刻就拥有"万事随缘"的心态。但我们需要的是一种面对祸事积极向上的心态,相信天无绝人之路,相信再大的灾祸也有转机,但凡事业型的人,都能够在绝望中发现一线生机,进而反败为胜。

什么是人生中最大的福祸?每个人都有自己的答案,但每个人的回答大体出于同一个思路。人生最大的福气是心愿得到满足,不论这心愿是为自己还是为他人;人生最大的祸事莫过于愿望的破灭和感情的缺失,任何一种祸事都伴随着失去。祸事可能剥夺我们的能力、机遇、亲友的性命，甚至我们的未来。但正如人们常说的，上天为你关上一扇门，就会为你打开一扇窗子。面对失去，我们要想开一点。只要不放弃自我，从长远看，任何祸事都可能预示一种新的开始、新的机遇。

任何事物都是两面的，有黑就有白，有阴就有阳，福祸也是如此，不论何时，我们都要擅长发现生活的另一面，只有在幸福中发现不幸的苗头，才能及时制止，让幸福得以长久；在灾祸中发现另一种可能，才能转危为安，转祸为福。一个旅人经过长途跋涉，发现他走到了路的尽头，前面就是海洋。他没有埋怨海洋挡住自己的道路，而是说："我终于知道了这条路究竟有多长，这是一件了不起的事。"这就是积极的思维，它能让人在迷茫中得到安慰，在挫折中得到快乐。

发现生命中最重要的东西

一位禅师带着几个俗家弟子走过一片花田，他对弟子们说："你们每个人都要摘一朵最美丽的花。"弟子们在花田里走来走去，都想找到那朵"最美丽"的花。

有人从花朵的叶子、根茎、花瓣的层次来挑选，有人以花朵大小为选择标准，有人挑拣带有香气的花。他们摘起自己心目中最美的花，禅师问："你们确定这是最美的？"

徒弟们都不太确定，他们回过头看花田里的其他花朵，觉得那些花比手里这朵更加美丽。只有一个徒弟坚定地说："没错，我手里的花就是最美的。"禅师指着几朵花说："你看，它们难道不比你手中的更香、更好看？"徒弟坚持说："不，只有我手中的花才是最美丽的。"

禅师说："每个人对美丽的标准都不一样，只有自己相信的、喜欢的，才是最美的。坚信自己的选择，这就是幸福的道理。"

在花田中，哪一朵花最美是所有人都说不清楚的话题，禅师让他的弟子们去摘最美的那一朵。徒弟们挑花了眼，只有一个徒弟坚持自己手中的花是最美的，这位徒弟的心态很简单、很执着，认定了就不更改。禅师说这位徒弟是幸福的，因为他坚持了自己的选择，相信了自己的判断，只要自己满意，就是幸福。

坚持自己的判断并不是一件容易事，有太多东西左右着我们。那位徒弟坚信自己的花是最美丽的，但事实上世界上一定会有更美丽的花，也会有人不断向他证明那朵花并非他想象的那么好，这个时候他还能够坚持下去吗？何况，花会枯萎，这个徒弟的幸福又有多长时间，这都是未知数。我们所能把握的只有此刻的"最美"，以及坚持这种信念的勇气。当遇到更漂亮的花，我们始终坚守着手中花朵的芬芳与美丽。当手中的花慢慢枯萎，我们感谢它陪伴自己度过那么难忘的时光。唯有这种依恋，才能使"最美"持久。

人人都要面对婚姻问题，每个人都有自己的考量标准，比如，一位到了适婚年龄的女人准备结婚，拥有事业的她却不知道应该挑选一个怎样的丈夫。是挑一个和自己能力相当、能够相互扶持的人，还是挑一个性格温和、后勤型的人？也许最后，她挑选了一个酷爱根雕的穷教授，这个人既不能帮助她的事业，也不擅长做家务，还常常让她操劳，可她觉得幸福，因为这个人是她爱的人。很多人挑来挑去，最后才发现自己挑的不是条件，而是心底的感情，中意的才是最好的。最珍贵的东西往往最简单，幸福是一种简单的信念，是生命中最重要的东西。坚持这种信念，就是生命中最重要的事。

战国时候，很多百姓为了躲避战乱，逃进深山。一个农夫用斧头伐木，为家人盖了一座房子，又和邻人们开垦山间平地，种下庄稼。

一天，农夫正在劳动，突然有人来告诉他："赶快回家！你家的房子着火了！"农夫急急忙忙跑回家，辛苦盖成的房子已经化为灰烬，他拉住邻居焦急地问："我的家人在不在里边！"邻人说："他们都在后山，什么事也没有。"农夫松了口气，又在烧毁的房子里翻来翻去，翻出一把斧头，兴奋地说："太好了！斧头没有烧掉！只要安个木柄，以后还能用！"

邻人们不解地问："房子都被烧光了，你为什么这么高兴？"农夫说："虽然房子烧光了，但我的家人平安无事，就连我的斧子也没事。很快，我就能用它再为我的家人建一个更好的房子，我为什么要不高兴呢？"

农夫辛辛苦苦建成的房子被火烧掉，他说家人还在，工具还在，很快就能有更大更好的新房子。面对灾祸，农夫的豁达来自于他乐天的个性，也来自于他对生命的认知：没有什么比家人更重要、比生存下去的能力更重要。只要最重要的东西都在他手上，他没有理由悲观。

经历过生死灾祸的人往往变得更加平和，在与死神擦肩而过的时候，他们懂得了生命的短暂和生存的不易，一旦有了重新开始的机会，就会少了抱怨，少了计较。有什么事能够与生命本身相比？我们没有那么多的时间挑剔自己、挑剔别人，只要活着就是一件好事，为什么要让琐事干扰自己的好心情？我们还有那么多的事要做呢。

同样地，经历过挫折的人也更能明白拥有的可贵，很多成功的商人都说，他们的财富是由失败累积的，一次又一次的失败使他们成熟。当他们面临失去时，心理承受能力会变得强大，个性也更加坚韧。经历得多，对事情的看法就会越来越通透,对事业,要有上进心,对成败,要有平常心。抓紧最重要的,忘记无关紧要的,人生就是这样一个过程。

当我们靠近那些天生有缺陷的人,就会更加明白什么是生命中最重要的东西。当你看到一个盲人的脸上有满足平静的笑容,也许你会问他:"你幸福吗?"他会说:"幸福,因为我可以说话,我的耳朵也很灵活,能听到很多动听的声音,还有很多正常人听不到的细微声音。"因为生理上有限制,他们更加感激自己健全的那一部分,也使他们更加珍惜生命。

有些人常常认为自己的生命不完美、不完整,缺失了很多重要的东西,以致只能羡慕旁人。其实,有失必有得,如果能够把着眼点放在"得到"而不是"失去"上,放在那些最重要的东西上,而不是计较细枝末节,每个人都能够热爱生活,珍惜生命,更加懂得快乐的意义。

淡泊从容是人生的最高境界

回家路上有一座过街天桥,上面有卖各种杂货的小商贩,不论是廉价的首饰还是衣服,或是青菜水果,还有花草和宠物,在这里都能买到。

在这个拥挤的地方,一位拉二胡的老人特别引人注目,他就坐在天桥的入口处悠然自得地拉着二胡,过往的人都会被那美好的音乐吸引,听完一段再继续赶路。这位老人衣着整洁,不像在街头拉琴赚钱的人。找新闻的记者认识的人多,发现他竟然是一位国家级的表演艺术家,退休后,就在家附近的天桥上拉拉二胡,自娱自乐。他说,在天桥上面为路人拉二胡,和坐在国家级的表演厅为观众拉二胡,并没有什么不同。

在人来人往的过街天桥上，一位拉二胡的老人坐在卖杂货的小商贩中间，谁也不知道他竟然是一位国家级的表演艺术家。他坐在这里要的只是有人愿意欣赏，还有自己怡然自得的一份心情。这位老人拉琴没有任何功利性，能给自己、他人带来很多享受，这样的人已经到达了一种境界：淡泊。

诸葛亮说："非淡泊无以明志。"如果人生是一条河流，勇敢的人是奔流的长河，永远朝着自己的目标冲刺；贪婪的人是沼泽，总想将自己周围的东西全都揽到自己手中；单纯的人是泉水，总能涌现出活力；淡泊的人就是湖泊，愿意包容一切，却又平静无波。人们形容这种人"心静如水"，像水一样无欲无求，像水一样清澈见底，像水一样富有生命力和人情味。

淡泊是一种境界。面对得失，淡泊的人不会计较；面对祸福，淡泊的人坦然接受；面对成功与失败，淡泊的人泰然处之；面对他人的赞美和诽谤，淡泊的人付之一笑。他们能够一心一意地做自己想做的事，并从中感受真正的乐趣。他们不在乎这件事为他们带来的是名利，还是损失，只在乎自己的那一份心情。别人对他们不满意，他们对自己却是自豪的，也不会去强求他人，这样的人走到哪里，都会带来平和的气氛。

一位著名导演的新戏预备开拍，为了寻找新感觉，导演采取公开招募的方法挑选演员。前来应征的既有大牌明星，又有电影学院的学生，几个副导演经过上百场试验和选择，终于敲定了十位男主角候选人。

选拔当天，每位候选人都要在导演的要求下做一段即兴表演，还要抽签演一段剧本里的戏码。一个中年男演员引起了导演的注意，这位男演员演技精湛，表达传神。导演觉得演员有点面熟，想了半天才记起这是一位一直不怎么出名的实力派演员。这位演员的演技无可挑剔，可惜在演艺圈，想要成为明星需要一张能让人记住的有特点的脸，这位演员的缺点是长相太大众化了，虽然称得上帅气，但没有什么特点。也因为这个原因，导演没有选他作为主角，而选了一位演技不如他，长相却更符合角色感觉的演员。

令导演惊讶的是，听到结果，这位演员并没有任何不服气，脸上也没有恼怒的神色。有人问他："输给实力不如你的人，你难道不生气吗？"男演员说："导演选择一个角色不只要考虑演员演得好不好，还要考虑是否对自己的感觉，也许我刚才没演出导演所要的感觉，我为什么要为这件事生气，难道生气了，我就能当上男主角吗？"一番话令导演大为佩服。

一个到了中年还没有出名的男演员，在试镜时又一次遭遇失败，连导演都对他心生同情，感叹他的运气不好。有人问他对这样的结果是否不服气，男演员的回答很达观。他想得很明白，即使生气，机会依然不是他的。导演的选择自有导演的考虑，演员只需尽到自己的努力，即使得不到这个角色，也依然能得到导演的肯定和尊重。

常言道：谋事在人，成事在天。这并非是一种迷信，而是一种对待事情的达观心态。很多时候即使想着"一定要成功"，做了万全的准备，还是会因为临时小问题导致整个计划的失败。求之不得，难免心理失衡，一旦失衡的幅度加大，内心的平静不复存在，后果将很严重。对人对事不能"平常"，只能终日生活在烦恼中，被人嘲笑"庸人自扰"。

不如学着让自己从容，从容的人懂得迁就，当环境不如意，他们仍然能够寻找到自己的快乐，他们的步伐依然那样简单又那样沉稳，不论眼前是大风大浪，还是闲庭花落，他们会用理解的目光看待周围的一切，因为他们懂得珍惜自己，也珍惜这个世界。

不如学着让自己淡泊，淡泊的人容易满足，容易快乐。在熙熙攘攘的都市，面对生活的沉重和纷扰，一颗淡泊的心才能保留一份简单和坦然。面对困境时，淡泊的人首先会听到自己内心的声音：尽力而为，尽心而为，不论结果如何，都是一种快乐。

第十二章
释然过往,时光总会给你答案

将过去留在过去,用遗忘换取平静

　　唐莉的姐姐唐晴去年因为车祸去世,唐家姐妹年龄只差一岁,二人从小感情就特别好,从小学到大学,她们读的都是同一个学校,整天形影不离,即使各自交了男朋友,没事也要凑在一起谈天说地。突然失去姐姐,对唐莉的打击可想而知。

　　有段时间,唐莉不停地对身边的人说起自己的姐姐,说起她们之间的姐妹感情,说自己如何伤心如何痛苦。直到有一天,母亲对她说:"看到你这样,我就像是看到你姐姐又死了一次。"唐莉突然意识到,自己的行为不但反复地伤害自己,也刺激着身边的人。死者已矣,活着的人理应好好生活。

　　姐姐过世后,唐莉一直沉浸在悲伤之中,直到有一天,唐莉的妈妈劝她不要再反复伤害自己,伤害还活着的人。唐莉终于意识到长久以来自己的误区:她因为悲伤,忘记了周围的亲友,忘记了他们的感受。想通了的唐莉决定振作起来，活着的人好好生活，逝者才会安息。

亲人离世给人的打击是巨大的，与我们血脉相连的人从此不能在这个世界上和我们一起生活，陪伴我们成长的人不能陪伴我们今后的道路，对于我们来说，这是莫大的遗憾和悲伤。不止是亲人，朋友去世也有同样的影响。民间故事中，俞伯牙为钟子期终身不再弹琴，就是因为失去知音，弹琴再也没有意义。还有曾经给予我们帮助的师长、同甘共苦过的同事、曾经有恩于自己的恩人，当然还有曾与自己朝夕相处的爱人……死亡总是出其不意地带走我们在乎的人，留下难以平复的遗憾和思念。我们很难接受这样的事实，就选择悲观逃避，甚至一蹶不振，恨不得一切都是假的。

从生到死是自然界的规律，每个人都要面对失去。当珍视的花朵在自己眼前凋零，眼泪并不能令它重生，只有在心中默默记住它的美丽。死去的人倘若能够说话，他们最希望活着的人不要太过悲伤，要代替他们更好地生活，完成他们来不及做的事。悲伤是真情，坚强也同样是真情。死者已矣，不要因过去的失去增加今天的遗憾。很多事等待着你去做，你的人生还在继续。从这个意义上讲，忘记过去并不等于背叛。

一位王子即将登基，他的老师——这个国家最有智慧的人对他说了这样一番话：

"很快，你就会成为这个国家的国王，为你自己争得光荣，给你的臣民带来幸福，你还会带领军队和入侵者交战，保卫国家、取得胜利，但是，你一定要记得，一切都会成为过去，只有牢记这一点，你才能成为一个幸福的人。"

王子还很年轻，不能理解老师说的话，但他的确如老师所说，成了一个励精图治的国王，他的国家越来越强大。没想到，十几年后，他的王位被亲信大臣篡夺。在军队的追捕下，他好不容易逃得性命，前往邻国请求帮助。他化装成乞丐躲避搜寻，当他吃不饱穿不暖的时候，想起自己在皇宫里的锦衣玉食，这次他终于明白了老师说的话："一切都会成为过去。"

既然幸福可以成为过去，伤痛也一样。这样想着，国王振作起来，靠着邻国军队的帮助，他重新夺回了自己的王位。

聪明能干的王子即将登基，他的老师告诫他一切都会过去，不要迷恋虚无的现状，只有保持内心的平静，才能成为一个强大的人、幸福的人。王子起初不明白老师讲的道理，当他拥有强大的国家时，他不相信"一切会过去"。当他失去王位后，又切身感受到"一切都已成为过去"，这个时候，只有强者才能正视现状，不沉浸在失去的悲哀中，夺回曾有的国家。

时光流逝，一切都会成为过去。人们喜欢回忆昨天，童年时总有开心的回忆，年轻时的爱情让人心动不已，年轻时的干劲让人热血沸腾，这些似乎已经都成为过去。但过去真的有那么好吗？童年时我们也会哭泣，年少时我们不懂珍惜爱情，年轻时我们不懂深思熟虑，过去有好有坏，不论想着好的还是坏的，都无法改变，一味留恋就是扼杀了未来的机会。

过去留给我们的只有回忆，这回忆或好或坏，或悲或喜，都是我们生命中的珍贵财富，值得我们回味。但一味留恋过去，就会阻止我们前进的脚步，让我们的心灵得不到安宁，因为过去无法追回，一遍一遍的回忆只能让今日的灵魂承担双倍的重量。所以，我们不能长久地沉浸在过去，我们必须睁开双眼看向前方。

有一首歌叫《明天会更好》，过去总有好的一面让我们怀念，但明天却是新的开始、新的希望，暂时遗忘过去，才能换回平静安宁的心灵，将更多更好的东西放进去，丰富自己的生命。昨日已成过去，明天却是初生的。放下属于过去的悲伤和困扰，只要你愿意，未来会更加美好。

在泥泞的道路上才能留下脚印

一位老师对一群孩子说:"今天我们来做一个测试,在学校门口有一条路,你们谁能在上面留下自己的脚印,谁就能得到奖励。"

为了得到奖励,孩子们想了各种各样的办法。有的人在鞋底涂上白灰,有的人在路上使劲跳跃。白灰很快被风吹走,孩子也不可能把地面踩出印子,他们的努力没有任何结果。

下午下了一场大雨,街道变得泥泞。一个聪明的孩子灵机一动,跑到那条路上,结果,泥路上清楚地留下了他的一连串脚印。老师满意地说:"你们一定要记住,风雨并不可怕,因为只有在泥泞的道路上,才能真正留下自己的脚印。"

老师正在给学生上一堂特别的人生课,他说每个人都想留下足迹供人怀念,平坦的大路人来人往,想留下脚印不是那么容易的事。而一场大雨过后,在泥泞的道路上,却很容易留下痕迹,因为这个人已经遭遇了足够的挫折,付出了足够的努力,甚至做出了巨大的牺牲。

翻看历史,就会发现遭遇挫折并不是一件坏事,它是成就人生必须经过的磨难,它能最大限度地激发人的潜能。比如春秋时期的重耳,他原是晋国王子,因遭受迫害离开自己的国家,几经颠簸,尝尽心酸,离开自己的国家长达十九年。十九年,在追兵的追捕中,在无处可去的绝望中,一个纨绔公子磨炼出坚忍的心性,结识了有才能的大臣,修炼了为人君的气度。最后,重耳重回晋国夺得王位,并在一批能臣的辅佐下成为中原霸主,晋国也一跃成为春秋时最强大的诸侯国。由此可见，挫折是一笔巨大的财富。

著名作家毕淑敏曾说，命运有时会把挫折和辛苦作为礼物一股脑送给你，不管你愿不愿意要，都要拆封。命运的礼物自然有它的深意，磨炼让人成长，挫折让人成熟，当一个人经过足够多的磨难，他与成功仅有一步之遥。这个时候，他应该感谢曾经的磨难，也应该告诉自己失败是成功之母，再跨一步，他就是胜利者。

一个刚刚开始学小提琴的女孩正在对妈妈诉苦，她说她完全跟不上老师的讲课节奏，她的老师每天都要求她练习高难度的曲谱，令这个初学拉琴的女孩吃不消，但那位老师很严格，总是严厉地批评她指法上的错误。女孩压力大，每次去上课前都心惊胆战，还有好几次被老师骂哭。

她将这些委屈全部告诉母亲，问母亲自己能不能不再练习小提琴，或者换一个老师。母亲却笑了一笑，缓慢却坚定地摇摇头说："严师出高徒，你是可造之材，老师才这样要求你，你一定要努力，让他满意。"

无奈的女孩依旧战战兢兢地去上音乐课，还是经常被老师骂哭。直到有一天她去参加一个音乐比赛，初试指定的题目都是有难度的名曲，很多参赛选手无法顺利完成，女孩的演奏却如行云流水，感动了不少评委。那一刻，女孩才终于明白老师的苦心。

学小提琴的女孩每天要做大量练习，她因此对自己的老师产生不满。直到她去参加一次比赛，发现自己比任何一个人都更优秀，这时她才明白平日的勤学苦练是提高自己的唯一途径。想在人才济济的音乐界获得立足之地，除了比别人付出更多的努力，还能有什么办法？

有时候，我们觉得付出始终与收获差了一步，这短短的一步却是不可逾越的距离，那一边是我们梦寐以求的成功，这一边是对现实的失望。我们脚下总有泥泞和杂草，而别人脚下却是红毯和鲜花。其实，那些踩在红地毯上的鞋虽然华美，但那双脚却早已布满厚茧，那些比我们成功的人，是经历了更加漫长的跋涉，才走在我们前面。我们需要的不是嫉妒也不是羡慕，而是赶快加紧脚步，才不至于被他们落得越来越远。

我们都有泡茶的经历，不论杯中的茶叶如何，一壶滚水浇下去，茶叶沉沉浮浮，顷刻就散开了沁人心脾的清香。但如果倒进杯中的是冷热适宜的温水，茶叶半天都不会舒展，喝到嘴里的茶水也寡淡无味，让人扫兴。如果把人生比作茶叶，那些成功的人都曾在滚烫的水中浸泡过，才让自己脱胎换骨，而温水就如一帆风顺的环境，怎样浸泡都没有滋味。只有滚水才能冲出香茶，只有历经坎坷才能活出人生的真滋味。

过去不能重来，那些失败仍然压在我们肩上，即使淡忘，余痛还在。只有从中汲取珍贵的经验教训，才对得起自己的努力。失败并不证明你无能，也可以证明你的坚强，跨过失败这道坎，前方总有新的机会。人生如果是一杯茶，不经过沸水的冲泡，如何散发清香？想要品味人生，不妨也泡一杯清茶，看茶叶沉沉浮浮，不正像我们的心灵在挫折和喜悦中起起落落？不必惧怕挫折，达观一点，天将降大任于斯人，一切都为了今后做得更好，走得更远。

别让心灵被一根稻草压垮

一只商队行走在沙漠中，他们迷了路，背包里的食物越来越少。他们只剩一只骆驼了，它驮着沉重的行李，艰难地迈着步子。

商队里的一个年轻人突然晃了几下，差点跌倒在沙子上。其他人围了上去，发现他面色潮红，呼吸急促，似乎马上就要晕倒。

"他中暑了！"一个商人叫道。大家七手八脚解下年轻人的背包，压在骆驼身上。给青年人喂水扇风，忙了一阵子，青年人有了好转。突然，那只骆驼摇晃了几下，也倒在沙子上，发出巨大的声响。人们连忙上前去看骆驼，惊讶地发现，骆驼竟然被脊背上的货物压死了！

"刚才它还能行走，不过多了一个背包……"一位商人不解。

"骆驼的承受能力已经到了极限，即使压上一根稻草，它也会死。"另一个人回答。

一只载重的骆驼竟然被一个背包压死，这看似荒唐的事竟然真的发生在沙漠中。在这个故事中，压死它的并不是最后那个背包，而是长久以来的重负，只要再增加一点，哪怕仅仅是一根稻草，它都会再也支撑不住，倒地身亡。

我们的心灵也像这只不停跋涉的骆驼，它已经走过了漫长的路，步履蹒跚，如果把悲伤、失望、抑郁这些情绪长久压在上面，它渐渐就会透不过气。表面上，我们能够维持正常的生活，甚至能够以笑脸迎人，但内心的压迫越来越重，这时候只要再有一点点不如意，哪怕是一件微不足道的小事，都可以让我们心理失衡，由悲伤变为暴躁，由失望变为绝望，由抑郁变为歇斯底里，就像又压了一根稻草的骆驼一样，完全不能控制自己了。

心灵的健康需要时时呵护，特别是那些容易计较的人，他们的生活往往不如意，所以总是念叨过去的自己如何优秀，曾经有怎样的机会，他们总会说"如果……"、"如果……"。这些念叨当然不会有什么结果，他们也只能在自己的空想中越走越远，为那些从来没存在或已经不见的东西伤心不已，他们看什么都是消极的，即使出现一个机会，他们也不会看作救命稻草，而是一根压死自己的稻草。

尽管我们身边有许多亲人朋友，我们困难时，他们愿意向我们伸出双手，我们难过时，他们愿意尽量为我们排解忧郁，但能够拯救心灵的，始终是我们自己。因为失去就是失去，不快就是不快，别人的话说得再多，并不能满足我们的心灵，如果自己想不开，再多的关心也只是徒增负担。我们必须时刻注意自己的内心世界，问问它究竟累不累，是不是装得太满，是不是需要休息和放松。我们也要随时将心灵打开一扇大门，让它吹吹清风，晒晒阳光。

汤姆先生有一个花园，年老后他行动不便，很难自己打理，只好请来镇上的花匠。他失望地发现，花匠只有一条胳膊，这样的花匠怎么干活？出于同情，汤姆先生决定不论花匠能不能完成任务，他都会按价付钱。

没想到，花匠把院子里的灌木修剪得整齐美丽，树木的除虫工作也做得很好，花枝的修剪更让汤姆先生赞不绝口。临走的时候，花匠对坐在轮椅上的汤姆先生说："我耽误了您很多时间，本来一小时可以完成的事，我却做了一个半小时，我想要给你打八折作为补偿。"聪明的汤姆先生说："您不必因为我是一个瘫痪独居的老人就同情我，不过我很感谢你，自从我病倒后，很久没有这么畅快的心情了。看到您我才知道，什么样的生活都可以很美好。"

花匠只有一只胳膊，但他既能用一只胳膊把顾客的花园布置得那么美丽，还能同情瘫痪的顾客，主动要求打折扣。在这样强大的生命面前，顾客汤姆先生感激不已，他感激的不是花匠为自己付出劳动，而是在花匠身上，他看到了生活的希望。

疾病和衰老都会造成人的痛苦，特别是没有希望康复的时候，健康成了回忆，只能独自忍受病痛。这个时候就会想到死亡，但人们都爱惜自己的生命，不愿意死。如何才能好好地生活下去？只有面对现实，承受痛苦，然后为自己寻找快乐的机会。这个时候，任何小事也可以成为稻草——稻草既可以是致命的，也可以是救命的。

对待疾病和衰老，要有积极的心态。癌症是不治之症，但得了同样的病，人们的寿命却不尽相同，那些笑口常开的人不把病痛当一回事，该上班就上班，该玩乐就玩乐，几年过去，情况得到好转；那些怨天尤人的整天守在屋子里害怕自己病情恶化，没过多久就与世长辞了，这就是心态的不同导致了结果的不同。你的状态有时可以由自己的心情决定，相信自己是快乐的，你就是快乐的，坚持自己是不幸的，别人说再多也救不了你。

痛苦的时候，心灵会像漂浮在汪洋大海之中，四周都是波涛，心中不安又惧怕，害怕下一秒自己就会沉没。出于求生本能，我们张望着，想要寻找一条让我们渡过难关的船只。多数时候，我们等到的只是一块浮木、一根稻草。在失望的人眼中，它们管不了任何事；在怀有希望的人眼中，这无疑是一种平安的信号。每一件事都可能是心灵的稻草，所以，对待生活中的任何事，都要有积极的心态，不要错过每一次享受快乐的机会。

昨日的伤口不应影响今日的生活

宋大爷做完外科手术后，伤口时不时疼痛，他整天闷闷不乐，不想出去散步，也不想多吃饭。几个儿女孝顺，为了让父亲开心，轮流来家里照顾老人，可是老人依然愁眉不展。

一次，大女儿做了一桌好菜，宋大爷只吃了几口，就不再动手。女儿问："爸，菜不好吃吗？你怎么不吃了？"宋大爷愁眉苦脸地说："我的伤口还在疼,哪有心情吃饭。"女儿说:"伤口就算疼也不能不吃饭,不吃饭的话,伤口不容易愈合,会疼更长时间。"

宋大爷做完手术之后整天闷闷不乐,就连吃饭的时候都想着自己的伤口,大女儿心直口快,告诉父亲如果一直担心伤口会恶化,影响了胃口,会造成更大的问题。愁眉不展不是止痛药,只会加深自己的郁闷,不如干点别的事转移一下注意力,也许伤口好得更快。不管伤口好不好,都不能让它影响当下正常的生活。

身体上有伤口不能当作借口,以此自暴自弃,正因为身上有伤,才更要好好照顾自己,为了早日康复,要尽快让自己恢复正常的饮食,保证充足的休息,保有开朗的心情。如果整天担心伤口不能痊愈,担心疾病恶化,负面情绪会一直左右着自己,影响到治疗的效果。不能积极治疗的人会增加更多的病痛,这是一件得不偿失的事。

心灵上的伤口也是如此。肉体上的伤口容易愈合,心灵上的伤口需要加倍呵护。正因为心情不好,才更要告诉自己快乐一下,为了早日走出阴影,要鼓励自己正常工作、正常娱乐,保持向前的目光,如果整天患得患失,只会产生迷茫的情绪,影响今后的发展。

有些人喜欢夸大自己的伤口,也许他们希望别人怜悯自己,也许他们想要宣泄压力,他们把自己的伤痛扩大,告诉别人也告诉自己,仿佛那些伤口再也没办法愈合了。事实上,影响愈合的正是这种留恋伤口的行为,他们忘不了伤口,也不愿意忽略,宁可把疼痛当作生活的重心,也不寻找方法做一次"伤痛转移"。其实,伤口留下的不过是一道疤,看似严重,早已不碍事,只有对它们念念不忘的人才会一次一次受到伤害。

童丽是个美丽的女孩。自幼学习舞蹈的她凭借自己姣好的容貌和出色的舞艺考取了一所知名的舞蹈学院,并且多次在专业比赛中夺取奖项。长久以来的努力得到了大家的认可，童丽觉得十分的满足。可好景不长，一场交通意外摧毁了这个美丽女孩所有的梦想。这场事故夺去了童丽的双腿。一个舞者失去了支撑她站在舞台上的唯一凭借，这对于她来讲简直像是天塌了一样。

从昏迷中醒来的童丽发疯了似的拍打着自己失去知觉的双腿，泪水奔涌而出。从那天起，童丽再没笑过。她总是坐在窗边，愣愣地看着窗外的天空。眼睛里一片灰暗。周围的亲友看到童丽的状况很是着急，多次劝她出去透透气，希望她能够尽快走出人生的低谷。可不论大家怎样说，童丽总是摇摇头，继续望向窗外的天空。

就在大家束手无措的时候，童丽却在一天下午主动要求妈妈带她去她家前面的一块小空地去。童丽的妈妈觉得很奇怪，却不敢不听女儿的，到了那里才发现在这块空地上有一个十几岁的女孩正在很努力地练习着一段舞蹈，由于缺乏指导，舞步显得有些凌乱。

"挺起胸，左脚踩稳，脚步要轻盈……"童丽情不自禁地指导起那女孩来。自那天起，童丽每天都要在那个时间来到那块小空地指导女孩跳舞。

随着女孩舞艺渐渐成熟，童丽的脸上也有了越来越多的笑容。她发现即使不能够站在舞台上，她一样可以投身于自己热爱的舞蹈事业。不论是台前还是幕后，她都可以将自己所有的情感倾注在这翩翩的舞步之中。后来她开始指导一些孩子跳舞，并在几年之后成立了一所舞蹈学校。经过她的培养，这个舞蹈学校涌现出了好多舞蹈界的佼佼者。

车祸夺走了童丽的双腿，却夺不走童丽心中飘逸的舞步。不要将自己困锁在失败和挫折之中，没有双腿，灵魂也一样可以快乐地起舞。假如眼睛里只看得到失败的灰暗，那么拥有双腿也不能在舞台上转出优美的弧度。

一个优秀的舞蹈家失去双腿，童丽的遭遇让人惋惜不已。童丽失去了人生的理想，眼睛里一片灰暗。直到有一天，她开始指导一个在空地跳舞的小女孩，再后来她开办了一个舞蹈学校。失去舞台的童丽找到了另一个舞台，在这个舞台上，她同样美丽，同样精彩。

在人的一生中，比死亡、衰老、疾病更惨重的打击就是失去理想。理想是人们的人生意义所在，为了理想，人们甘愿忍受一切痛苦，如果失去了实现理想的机会，那么一切苦难都变得难以忍受。伟大的音乐家贝多芬丧失了部分听觉，严重的时候甚至听不到任何声音，一个靠创造美丽声音的人听不到声音，这是多么大的打击呀！贝多芬消沉过，绝望过，甚至写下了遗嘱。最后他还是决定在原地上站起来，靠着坚强的毅力继续他的创造。

失去并不等于一无所有，人不应该只有一个理想，当原来的那个无法实现，就要寻找下一个，这才是生命的意义所在。昨日的理想不能挽回，明日的理想还未建立，我们需要做的是留心观察，仔细寻找，总会有事情唤起你曾经的激情，让你重新奋发。

别人的错误，你不应该负责

一个善良的女子嫁给一个贫穷的青年，陪伴他度过了创业的艰苦岁月。结婚七年后，已经成为富翁的男人另觅新欢，向女人提出离婚。女人沉默地搬出了他们共同的家，从此认为天下男人都喜新厌旧，再也不相信婚姻。多年来，她一个人过着寂寞的日子。

很多人为女人着急，劝她再找一个踏实的人，女人却对被抛弃的事念念不忘，不肯相信别人，也不相信身边的追求者。而那个喜新厌旧的男人并没有回头，他依旧有了新欢忘了旧爱，换了很多情人。女人在痛苦中活了几十年，至今单身。

一个女人被负心的丈夫抛弃，从此封闭了自己，再也不相信爱情和婚姻。她在孤寂和怨恨中过了几十年，而丈夫却游戏人生享尽欢乐。两相对比，我们不禁为这个女人叹息，为了这样一个男人拒绝幸福，这不是自讨苦吃？离婚并不是女人的错，那个真正应该承担错误的人逍遥自在，女人却背负他人的错误活得辛苦压抑，是男人太无情，还是女人太执着？

很多时候，我们放不下过去是因为别人，别人的一句恶语使我们长久以来耿耿于怀；别人的一次伤害使我们一直忍受煎熬；别人的一次错误使我们责备自己没有照顾周到……把别人的错误揽在自己的身上，就是选择了一种错误的生活，因为犯错的主体并不是你自己，你无法解决，别人不解决，你就只能背负着自己强加给自己的责任。最后，别人生活得很好，你却终日痛苦，这不是负责，这是犯傻，是想不开。

达观的人从不用别人的错误来惩罚自己，他们只负自己该负的那部分责任。生命是自己的，先对自己负责才能对他人负责。如果本末倒置，在自己都没有管好的情况下去承担别人的错，只会让生活一团糟。

飞达公司最近新上市一批肉品切割工具，这款工具经过技术改良，能够分门别类切割牛、羊、猪肉，也有配套组件能够处理鸡、鸭这些禽类。这种工具成本低，既适合超市使用也适合肉制品店。负责企划的人自信满满，相信这种工具一定会占领市场。

上市后，意想不到的事情发生了，配套的禽类切割工具出现了尺寸问题，给用户带来不便，用户表示只希望购买主件。公司为了息事宁人，立刻做出了购买工具价格不变，赠送配套附件的承诺，这也使公司损失了一大笔金钱。

负责人十分自责，每天上班的时候都低着头，不敢看老板的脸色。老板起初很生气，气消了以后反倒安慰负责人说："谁都有失败的时候，而且这件事你虽然有责任，并不全是你的错。你看那个负责设计的人还充满干劲，你怎么能一直消沉呢？我知道你是个负责任的人，现在请你负起最大的责任——继续努力工作，想出更完美的企划！"听了老板的鼓励，负责人很快打起精神，联系设计师改良工具，终于在第二年用新产品占领了市场。

　　企划部负责人负责的一个新产品造成了公司一大笔损失。负责人一直打不起精神。精明的老板安慰这位负责人：最大的责任不是检讨过去的错误，而是要挽回这个错误。负责人重新联系设计师，终于在第二年获得了巨大的成功。

　　一个负责的人当然不会因为主要错误在他人，就将过错全部推给对方。在不被这错误困扰的同时，他们会找到恰当的方法弥补，给自己一个交待，给他人一个机会。这是积极的解决问题的方式。有的时候，我们不应该为别人的错误负责，让我们自己难过，但有的时候，当自己的确有责任，我们仍然需要担当，为自己也为别人将事情扛下。需要注意的是，我们扛下这件事不是为了为难自己，而是为了事情解决得更好，为了让自己更加优秀。

　　有时候我们会造成无法弥补的错误，也许是一次不经意的闪失，也许是长久以来错误的积淀，也许是思路出现偏差的决策失误……不论原因如何，损失已经造成，伤害已经造成，我们能够做的唯有接受它，承担自己的责任，向那些蒙受损失的人表达真诚的歉意。也许我们挽不回过去，却可以做一些力所能及的事，让自己心情舒畅，这不失为一个利人利己的两全办法。不经意间，我们战胜了昨天，也战胜了自己。

　　不为他人的错误为难自己，是一种达观。为了他人考虑也为了证明自己而努力，是一种气魄。要对自己宽容，即使是普照万物的太阳也会产生阴影，何况我们只是普通的人？要对他人宽容，即使那个人伤害过你，这疼痛也促进了你的成长，让你更加坚强。不必在意别人的错误，你要做的是走自己的路。

敢于放弃是一种勇气，善于放弃是一种智慧

壁虎妈妈正在给壁虎讲它们祖先的故事，在世界上还没有人类的时候，动物们占据着森林草地，每只动物都要为生存努力。

壁虎的祖先也是这样的动物，它身子不大，有爬上爬下的本领，同时也有很多天敌。这一天，它被一只猫踩住尾巴，眼看就要丧命。壁虎拼命挣扎，猫狞笑说："今天你就是我的午餐，别挣扎了，再挣尾巴就要断了。"

壁虎绝望了，它想，一只断了尾巴的壁虎是无法活下去的，但出于求生本能，它还是用力一挣，尾巴真的断在猫的爪子下。趁这个机会，壁虎忍住剧痛逃走了。

"我就要死了，我失去尾巴，马上就会流血身亡。"壁虎这样想。可是，一天过去了，两天过去了，壁虎什么事也没有。又过了一段时间，它发现自己长出了新的尾巴。

"知道吗？在危险的时候，舍弃才是生存的唯一方法！"壁虎妈妈对小壁虎说。

在自然界，壁虎是一种体积小、很容易被吞噬的动物。当它们面对强大的敌人，唯一的自保方法是在被抓到时，主动挣断自己的尾巴，靠自己灵活的动作赶快逃命，以此获得生存的机会。观察壁虎，我们能够得到一

种关于生存的智慧：尾巴会再长出来，生命只有一次，不能因为一时的疼痛就放弃生命，所以，敢于放弃是一种勇气。

在人生道路上，我们不断得到一些东西，有些很珍贵，有些是累赘。因为舍不得放手，我们把它们背在肩上，因此脚步越来越沉重，错过了很多机会，也损失了很多时间。我们没勇气放下这些东西，因为害怕放下就再也找不回来，所以勉强自己，让自己越来越累。殊不知，经过漫长的时间，所有东西都成了负担，成了阻碍。新的事物不断出现，你却没有力气去拿到，即使拿到，承重能力有限，也不能加在自己身上，这就是过分恋旧的遗憾。

人生应该维持一种"新旧平衡"，保留旧日的好习惯、好经验、好生活是重要的，但一定要记得生活总是不断向前走。当更加有用的事物出现，你要保证自己有空间容纳它，有头脑接受它，而不是抱着旧事物不松手。古董虽然值钱，但一个屋子摆满古董，没有任何新时代的发明，难免让人觉得死气沉沉。如果旧事物与新事物安排得当，既能让人看到深厚的底蕴，又能让人焕发创新的精神。

淘金热盛行的时候，大量美国青年幻想一夜暴富，他们纷纷走向西部寻找金矿。约克也是其中一个。他和朋友们带着憧憬走向西部荒原。也许他们的路线出了问题，在他们前方，出现了一条大河。这条大河没有桥，也没有船只，最近的村庄也在几千米外。

约克和朋友们望河兴叹，一个朋友说："我听说只有极少数人才能淘到金子，我们也许会无功而返，这条河可能是上帝给我们的警示。不如我们现在就回家吧。"

几个朋友还在犹豫，约克突然说："这里虽然没有渡河工具，但要从这里去西部的人会越来越多，不如我们买几条渡船带他们过河吧。"朋友们认为约克的提议行得通，他们去遥远的村庄买来工具，亲自伐木造了渡船，每天送淘金客们到对岸。日复一日，淘金客乘兴而来，败兴而归，只有约克他们的生意越来越好，成了真正的富翁。

约克和朋友们带着淘金的梦想去了西部，一条大河挡住他们的去路。当有人提议淘金风险太大，不如立刻返回家乡，约翰却另辟蹊径，提出他们应该就地做渡河生意。后来的事情果然如约克所料，他们靠载人渡河生意成为富翁。试想一下，如果他们不肯舍弃当初的想法，最后可能在西部流浪，也可能在家乡默默无闻。所以，善于放弃是一种智慧。

据说很多作曲家都有类似的经历：他们正在谱曲，想到了一段非常美丽的旋律，却无论如何也不能放进手头的曲子里。想要完整的曲子就要放弃这一段美丽的旋律，但艺术家的灵感有限，放弃如此好的旋律又实在可惜。世界上没有那么多两全其美，我们经常面对两难的境地。很多时候我们就像这些作曲家，想要谱写壮丽的曲子，却必须放弃一段或几段美好的旋律。

有得必有失，面对选择的时候，我们需要放弃，想要得到轻松，就要放弃沉重。那些不能拥有的东西是我们最应该放弃的，得不到的未必最好，不必因为得不到对它们恋恋不舍，前方一定会有更适合自己的那一份在等待。唯有如此，才能有一份从容的心态：感谢过去，即使我们不能拥有，却依然受益匪浅。

第十三章
淡泊名利，知足才有大自在

别让对名利的渴望摧毁你的生活

在中国历史上，李斯是秦朝的开国功臣，他以卓越的政治远见和出色的能力辅佐秦始皇统一六国，建立前朝，并出任丞相。但是，李斯一生追求名利地位。为了地位，他与宦官赵高勾结，害死公子扶苏，扶持胡亥做了皇帝。

追求名利的人大多因名利败亡。没多久，李斯和赵高产生矛盾，被赵高谋害，全家获罪。李斯被腰斩前，曾悔恨地对身边的儿子说："真希望能和你像以前一样去山里打猎。"即将被腰斩的儿子流下眼泪。名利害人，古今皆同。

李斯是中国历史上的名人，他因《谏逐客书》成为嬴政的亲信，可见他学识过人；他嫉妒韩非的才能，加以迫害，可见他功名之心太重——这两件事足以预见他后来的经历。他既是能臣，又为了自己谋取高位而违背原则。当秦二世胡亥上台后，渴望权势的李斯不可避免与当权宦官赵高发生矛盾，他成了失败者。在死亡面前，他幡然醒悟，对自己儿子说出了最大的心愿，原来一切名利追求都不如一份平常的幸福来得实在。

司马迁说："天下熙熙皆为利来，天下攘攘皆为利往。"人活于世，追求名利是一种常态，一个人想要实现自身的价值，想要让更多人了解、尊重，这样的"名"是每个人需要得到的；一个人想要通过努力累积财富，改变自身的条件、个人的生活，这样的"利"是每个人必须追求的。"名利"并不是一个贬义词，人们会说"名利害人"，是因为有人过度地追求名利，以不正当的方式得到名利。换言之，害人的不是名利，而是自己的贪婪。

在很久以前，一位仙人被一个农夫所救。仙人万分感激，为了报答农夫的救命之恩，于是送给他一件宝物。这件宝物可以变出许多的金银珠宝，但条件是必须以自己的寿命作为交换。仙人一再叮嘱农夫，切莫一再交换，否则将会生命殆尽。

农夫回到家里，用自己十年的寿命交换了第一批珠宝。这使他从一个穷困的农夫变成了城镇里一等一的大财主。可他并没有满足，为了使自己的生活变得更加奢侈富足，他一次又一次地以自己的生命交换着财富。

直到有一天，仙人再次云游到此地。在城郊的一棵大树下看到了只剩下一口气的农夫。只见他气若游丝，眼看就要不行了，可怀里还是紧紧地抱着那件宝物不肯放手。

仙人看到这一幕，十分痛心。他走到农夫面前，叹道："你这个人呐，到死你还不可以摆脱一个贪字啊！也罢，这世间上如你这般舍命不舍财，至死不悟的人多了去了！"

为了感谢救了自己性命的农夫，仙人给了农夫一件宝物，能让农夫变成一个富翁，代价是必须为此支付自己的寿命。农夫一次次拿自己的生命交换财富，直到只剩下最后一口气，他仍然舍命不舍财，手中依然抓住宝物，试图得到更多的财物。

在现实生活中，我们的所作所为和农夫并没有本质区别，都是在用青春、生命来交换财富。过上好的生活是我们的追求，但为了金钱耗损全部精力，就有点得不偿失。因为除了财富，生命中还有很多重要的东西，例如感情、爱好、追求等共同构成了我们的生活，一味追求金钱，必然会耽误到其他方面。生命的美在于平衡，只有"全面发展"的人，得到的才能最多，而只顾追求金钱的人却失去了金钱以外的所有东西。

名利和地位的确能给我们带来很多东西，有了名利，我们会有舒适的生活、良好的环境、受人尊敬的社会地位、丰富的娱乐，但这种状态会麻痹我们的心灵，让我们变得养尊处优，忘却了人世间的疾苦，为了保护自己的利益不择手段，在声色犬马中挥霍光阴……当名利超过一定限度，带给我们的不再是满足，而是空虚。我们会认为自己的生活中少了从前的单纯快乐，少了一份真诚和信任。这时才会发现，名利早已在悄然侵蚀了我们的内心，摧毁了我们的生活。

在医院病房里，很多人感慨自己之所以住院都是因为太过操劳，即使得到了很多财富、很高地位又如何，到现在只希望用所有的财产换一个健康的身体。生命以及生命中的一切都需要珍惜，而不是躺在病床上的时候才开始后悔。名利并不可怕，可怕的是对名利无止境的贪念；真正摧毁一个人生活的并不是名利，而是随名利而来的虚荣、黑洞一样越来越大的欲望。追求名利，同时不被名利左右的人，才是有理想的人、有智慧的人。

做金钱的主人，而不是物欲的奴隶

一个贫穷青年卖掉母亲留下的一块精美地毯，得到了一大袋金币。第一次看到如此多的金币，青年很兴奋。为了防贼，他将金币放在罐子里埋进后院。每天晚上，青年会拿出罐子，一遍一遍数他的金币，一次次对自己说："我是个有钱人，哈哈！"

这样的日子过了半年，青年每天做苦工、吃粗粮，穿的衣服上全是补丁，但他每天依然数金币，认为自己是个有钱人。一天晚上，盗贼偷偷挖走了罐子。第二天，青年发现失窃了，于是他坐在院子里大哭，哭声引来了许多邻居。

邻居们知道了事情经过，他们问："难道你一枚金币都没有花吗？"

"当然没有！"青年回答，"我一分钱也舍不得花！"

"那么，你不必伤心，反正这些钱在你手里和丢掉并没有什么区别。"邻居们说。

青年卖掉母亲的遗产，得到了一袋金币，把金币埋到院子里，每天辛苦工作，回家数那袋金币，享受拥有金钱的快感。金币失窃后，青年因为自己的贫穷大哭。邻居冷静地指出："钱在你手里和丢掉并没有区别。"金钱如果不消费，仅仅储存起来，不派上任何用场，再多的钱也和废铜烂铁或一堆废纸一样，白白浪费存储空间。

人们常常用"守财奴"来称呼那些一心占有金钱，拥有大量财富却一毛不拔的人。他们每花一分钱就觉得心如刀割，舍不得为自己、为别人消费,只想把钱堆在仓库里。金钱的价值在于交换,可以给人带来各种层次的满足,例如住房、饮食、衣着、娱乐……都能用金钱予以满足,只要不过量、不滥用,拥有金钱就是生存和生活的保证。守财奴们却把金钱当作收藏品,完全失去了金钱的价值。他们看似是金钱的主人,其实却成了金钱忠诚的仆人——一个暂时的保管者,一个活动的保险柜。

欧美富商们教育子女都有一套自己的方法,这些富商大多经历过创业、守业的艰苦时期,不希望他们的后代变成只懂得挥霍的纨绔子弟。他们会鼓励后代从小就认识到金钱的价值,靠自己的劳动换取需要的零用钱。他们也不会纵容孩子的欲望,让他们养成挥金如土的习惯,他们用这种方法告诉子女,金钱来之不易,要用它们做最有用的事,而不是胡乱使用。更重要的是,富商们希望子女们有更多的机会接触到那些金钱无法买到的东西,而不是从小就为金钱生活,成为金钱的奴隶。

一个富翁即将去世,他不必找律师订遗嘱,因为他没有亲人,也没有后代,他的财产全部都会被国家收走。躺在病床上,富翁感到无比后悔。

年轻的时候,他曾经有一个深爱的女人。他们本来想结婚,可是男人工作太忙,常常忽略女朋友,最后女人选择分手。后来男人和别人结婚,有两个儿子,他们的母亲死得早,男人忙着赚钱,把孩子们交给仆人管教,结果两个孩子一个吸毒致死,一个斗殴被人打死。

如果不是忙着做生意,也许他会和最爱的那个女人结婚,或者和自己的儿子们朝夕相处,会过上很幸福的生活。富翁流着泪想起这些,又想到他的财产。他以为这些财产属于他,他是主人,其实是它们奴役了他,让他一辈子都为这些财产卖命,临死却不能带走一分一毫。

在富翁人生的最后岁月里,陪伴他的不是温情和嘘寒问暖,而是冰冷沉重的金钱枷锁,曾经他因为赚钱所抛弃的一切,在现在看来格外珍贵。

没有后代的富翁努力一辈子，死后这笔财富就会烟消云散。他第一次开始怀疑自己的人生，后悔自己为了追逐金钱失去了那么多珍贵的东西。可人生不能重来，后悔无济于事，他也只能孤单地走向死亡。

人们常说："金钱是万恶之源。"事实上，金钱没有思想，不能作恶，作恶的是人的贪欲。它能够摧毁一个人的意志，左右一个人的生活。当人们把对金钱的追求当作生命的重心，他们很自然地抛弃其他东西。商人抛弃信用，官员抛弃廉洁，甚至抛弃学业、爱情、健康……直到失去一切，他们才恍然明白，手中的金钱可以衡量，可以是一个数字，而失去的那些东西却无法估价，因为它们是无价的。

金钱能够换来最实在的物质，满足我们的需要，让我们生活得更好，也能够用来帮助他人，回馈社会。所以，想要得到金钱并没有错，关键是一个人如何驾驭金钱，是使用金钱无止境地满足自己的私欲，让自己终生生活在对物欲的追求中不能自拔；还是让金钱为自己服务，操纵它满足生活的需要，实现自己的梦想？财富只有合理地使用才能发挥最大的作用，别让金钱失去它的意义。

君子爱财，取之有道，用之有度。人生的幸福在于证明自己的能力，并用这种能力为自己、为他人带来快乐，拥有财富正是这种能力的标志之一。需要注意的是，要把财富变为一种切实的享受，一种让自己和他人快乐的工具，就算不能当一个兼济天下的圣人，至少也要做一个慷慨大度的仁者。而不能在证明自己的能力后，成为一个对自己苛刻、对他人吝啬的"守财奴"。

贪多嚼不烂，拥有有时并不是一种享受

一个小女孩总嫌自己的零花钱少，看到邻居家的小孩穿新衣服就嚷嚷着要买更好的。她的爸爸妈妈虽然很富有，但他们重视孩子的教育，爸爸对孩子说："你已经有了这么多新衣服，穿都穿不过来，还要新的？"小孩哭闹着不肯罢休，父母决定给她一个教训。

第二天早晨，妈妈对小女孩说："现在我给你两个硬币，如果你能双手一整天不放开它们，你就可以买很多件你喜欢的新衣服。"小女孩开心地答应了。

这天刚好是星期天，妈妈烤了蛋糕请朋友来家里玩，又做了很多美味的菜。朋友带来了最新的玩具，小女孩为了那件新衣服，只能眼巴巴地看着别人吃喝玩乐。她不敢放下手里的金币，一旦放下，她就不能买新衣服了。下午，父母又带着她去游乐园，看到小朋友们玩得那么开心，小女孩只能站在那里握着硬币。

艰难的一天过去了，小女孩得到了她的新衣服，但她一点也不开心。她有点后悔因为几件衣服，失去了一个愉快的星期天。

为了新衣服，小女孩和父母打了一个赌，她需要用双手握住两个金币整整一天，为此她做什么事都不敢松开双手。她没有吃到味美的点心，也不能在游乐园尽情玩耍。为了几件自己并不需要的衣服，她失去了一个快乐的星期天，这就是贪婪的代价。

贪婪有时像中毒，贪婪的人一直相信自己得到了很多东西，一旦有一

天清醒，就发现失去的远比得到的多。贪婪带给人的满足永远是虚幻的，就像糖果是甜美的，一旦吃得太多就会腻，就会生虫牙，但有些人还是想多要一点糖果，哪怕只是闻闻香气、看看漂亮的糖衣。等到有一天连闻到糖果的香气都想吐，糖果就再也不能给人带来欢乐。是贪婪让满足变质，让快乐贬值。原本的幸福变成了痛苦的回忆。

人们常常误会"拥有"这个词的含义。拥有和占有不同，两个人同样拥有一座美丽的花园，花园里开满馨香的花朵，一个将花园用漂亮的白色栅栏围住，坐在草坪上悠闲地读书，来来往往的人都能看着这美丽的景致，附近的孩子有时也会摘走几朵花；另一个把花园四周围了高高的墙壁，谁也不知道墙壁里有什么，而这个人不能和任何人分享美景，没过几天他也懒得再看这些花。前者是拥有，后者是占有。后者看似得到的比前者多，实际上他什么都没有，白白浪费了满园春色。

有一个叫李汉的果农一直以种植果树为生。李汉是个勤快人，不论是播种、施肥，还是平时照料，可以说都是尽心尽力。可不知为什么，他家的果树总是没有邻村张为家的果树收成好。为此，他决定到张为那里去取经。这张为是个善良的庄稼汉，每次都热情招待他。

几次考察下来，李汉终于找到了张为近年来大丰收的原因。因为邻村的东边是一片茂密的森林，而张为的果园紧靠着这片林子。不知从何时起，林子里经常飞来一些黄色的不知叫什么的鸟雀。这鸟雀经常停靠在张为的果树上，以果树上的虫子为食，大大减少了果树枝叶和幼果被虫害的现象。不仅如此，这鸟雀的粪便掉落在果园中，无意间竟成了天然的肥料，效果比买来的化学肥料好得多。

知道果树增产的妙方，李汉欣喜若狂，他想："要是多抓点鸟儿回去，我的果园不就比张为的果园收成好？"他带了几个帮手，到邻村树林中抓了一大批鸟雀放养在果园中。抓了一次，他觉得不够，又抓了第二次、第三次……

林子里的鸟儿越来越多，过多的鸟儿不但吃掉了所有的虫子，而且在虫子吃光之后竟开始吃起了果树的叶子。而过多的鸟粪不但没有起到养肥的作用，反而使果树日渐枯黄。李汉大吃一惊，赶忙找人来赶走鸟雀，可为时已晚。

李汉一次又一次地抓鸟放进自己的果园，没想到，太多的鸟儿不但造成了土地的退化，还糟蹋了果树。造成这样的结果，是该怪李汉没头脑，还是怪李汉太贪心？

有这样一个故事：一个村庄面临干旱，村民们去庙里拜龙王，希望龙王降大雨拯救村民。善良的龙王立刻施法降下大雨，村民们感激涕零，龙王在他们的赞美中加大施法的力气，结果大雨变为暴雨，整个村子成了一片汪洋——即使是出于善念，给予太多也会造成恶果。就像父母溺爱孩子，希望孩子得到更多的关爱，什么都帮孩子做，什么挫折都不忍孩子去经历，这样做的结果是孩子软弱无能，只能生活在父母的羽翼下，经不起一点风浪。

凡事都有一个"度"，一旦超过就会酿成灾难。人的追求和欲望也是如此，一旦拥有的东西过多，就会成为负担。负面的东西拥有过多，会让我们因太过劳累而崩溃。那正面的东西呢？一个人过于乐天，没有任何忧患意识，危险到了眼皮底下他都看不到；一个人有很多优秀的老师，他满可以得到很好的教育，但每个老师给他的未来建议都不同，哪个都有道理，就造成了他的迷茫……即使拥有的东西都是积极的、良性的，事情也不会永远"多多益善"，不能把握尺度，正面也会向负面转化。

老子说："少则得，多则惑。"想要的东西太多，得到的东西太多，自然会让自己身心疲惫。人们生来就有追求，就有满足自己欲望的本能，但是，如果一味追逐欲望，让自己陷入永无止境的奔跑中，就算得到的东西越来越多，也只会适得其反，毁了自己美好的前程。贪欲无止境。聪明的人懂得适可而止、适时放手。

真正的幸福与金钱地位无关

有社会学家经过大量调查，得出了这样一个结论：在人们的幸福感构成中，金钱只占了五分之一的决定作用，金钱只有在满足人类基本需求时才能提供巨大的幸福感。人类的幸福的确需要物质基础，但大部分与金钱无关。幸福感大多来自家庭的温暖、事业的成功、人际的和谐，甚至运动、音乐、文学……这些都是金钱买不到的东西，却也是最宝贵的财富。

哈里的父亲是一个富翁，但他从小失去母亲，父亲忙着生意，对他的爱只拿金钱表示。这个男孩到了十六岁，不想考大学，也不想再和狐朋狗友鬼混，他想知道什么是幸福，他有没有可能得到真正的幸福。带着这两个问题，哈里开始周游全美国。

一年后哈里回到家，拿起书本开始用功，他的基础不差，又肯下苦功，最后申请了一个不错的大学就读。若干年后，他才对人说起那一年他究竟做了什么。原来，哈里并没有旅游，而是在迪士尼乐园打工。那是他旅游的第一站，他认为小孩子是最快乐的，想要近距离接触孩子们。玩了一天后，他决定应聘那里的服务生。

哈里每天穿着毛茸茸的米老鼠服装，和小孩子们在一起。他发现小孩子并不是没有烦恼，但他们更懂得欢乐，他们游戏的时候就进去游戏，并且感激爸爸妈妈给自己这个游戏的机会，一家人其乐融融。原来欢乐就是做自己该做的事，就这么简单。

哈里开始思考自己的人生，他不想继续混日子，又不知道该如何生活。后来他在迪士尼乐园当一个普通的服务生，每天陪小孩子玩耍。他发现只有小孩子才是真正懂得快乐的人——他们不会想多余的烦恼，认真做适合自己年龄的事。一年后，他回到家，开始用功读书，他相信只要努力，自己也能成为一个快乐的人。

每个人都在追求幸福生活，每个人对幸福都有不同的理解，但有一点是共通的：幸福来自心灵的满足。心灵没有贫富，也没有地位的差距，万顷良田和一缕清风有时带来的是同样的满足。普通人不必羡慕大富大贵的生活，不要让物质迷住双眼。小富即安没什么不好，幸福就是每个人都尽自己的努力，把日子过得有滋有味。

第十四章
远离计较,得失常在,开心难求

输得起,才能赢得稳

一位中国厨师去法国学习厨艺,听老师讲了这样一个故事:法国厨师极其重视个人荣誉,如果在重要场合做坏了一道菜,会引为奇耻大辱,曾经有个厨师在一次王室宴会上失手,他羞愧地切下一根手指。中国厨师听得哭笑不得,他说:"我们中国有句古话,'留得青山在,不怕没柴烧'。一次失手,以后还有的是机会补救,切了手指今后怎么做菜?"

因为做坏一道菜而切断了一根手指,听到这样的故事,我们和那个在法国学习厨艺的中国厨师看法一样,既为法国大厨的专业精神感叹,又难以认同其行为:为什么要把一道菜看得如此严重?把手指切断今后怎么做菜,怎么证明自己有优秀的一面?得失之心太重的人,忍受不了旁人的异议,这就是俗话说的"输不起"。

每个人都有失败的经历:期待已久的晚会终于到来,却因生病不能上台主持;经过一年的紧张备考,考出的是不尽如人意的分数;加班加点完成的竞标项目，最后以一票之差败给对手；每一天都在努力锻炼，比赛时却总和劲敌的成绩差 0.1 秒。现实常常让我们无奈，失败的结局让人沮丧，仿佛多日的付出一瞬间就付诸东流，再也没有支撑下去的动力。"输"的滋味不好受，一直输的滋味更让人难以招架。

面对现实，我们要学会有理智地退让。在中国古代战场上，将军们都曾溃败，当敌人大军压境，保存实力才是当务之急。他们清醒地认识到，逞一时的匹夫之勇，葬送的不只是一支军队，甚至是一个国家的未来。这与我们面对现实压力的情形有什么不同？和那些将军们一样，只要我们心中没有放弃斗志，就可以暂时放一放、忍一忍。一时的认输不代表一辈子爬不起来，总有东山再起的机会。当然，如果到了退无可退的地步，也要鼓起勇气，像项羽一样破釜沉舟，当一次英雄。

一个网球选手输掉一场比赛，这已经是他十四次输给同一个对手。每一次公开赛，他都离冠军只有一步之遥，那个对手似乎永远站在自己前面，不可超越。网球选手的心灵备受折磨，如果没有那个对手，他就是胜利者，为什么他总是输给同一个人？

终于有一天，这个网球选手战胜了他的对手，但他心里并不高兴，因为那个对手在那场比赛明显状态不佳。比赛后，记者和观众纷纷向他道贺，又为那位对手惋惜，没想到对方却毫不在乎地说："没关系，每个人都有输的时候，下一次再赢回来。"

那一刻，这个网球选手才明白，他与对手的实力并没有那么大的差距，差的是心态和气度。每次比较，他在乎的是输赢，对手在乎的是比赛本身。他输不起，对手输得起，所以他一直背负着压力，对手却怡然自得，胜不骄，败不馁。

想通了的网球选手用所有的时间来磨炼球技，他仍然经常输给同一个对手，但他也欣慰地发现，他们的差距在缩小，他输的球越来越少。他坚信总有一天，他能超越对方，站在冠军的领奖台上。

网球选手总是败给同一个对手，难免有"既生瑜何生亮"的感叹。他反复观察思考后终于明白，对手高出他的地方不是球技，而是在于"输得起"这种心态。对手不介意别人的看法，也不介意名次的高低，他能全心全意投入比赛，所以发挥出最佳实力。

优秀的拳师都信奉一句名言："想要打赢，先学会挨打。"学拳的人都要先挨别人拳头，挨打多了，自然知道如何躲闪，如何伺机反击，如何琢磨对手的拳路克制对方，最后总结出如何打倒对手的经验。想要成功也是如此，不经历失败如何获得经验？不经历失败，只能一辈子纸上谈兵，或者守着自己的小摊子无法突破。只有经过大风大浪，才能明白所有的"失败"都能转化为"得到"，输得起的人往往是赢得最多的人。

有些人把得失看得太重，认为只有输赢才能证明自己的价值。其实赢了又怎么样？真正懂得生活、珍惜生活的人，固然看重自己的荣誉，想要争取一次次胜利，同时也知道失败并不是大事，人生起起伏伏，谁能常胜？有几个对手激励自己，让自己更加努力，不也是一种快乐？

给圆圈留一个缺口

有个成语叫"鹬蚌相争，渔翁得利"，说的是一只河蚌张开贝壳晒太阳，一只鹬扑过来想啄蚌肉。蚌立刻合上贝壳，将鹬的长嘴狠狠夹住。蚌和鹬使足力气，一个想挣开，一个想一直夹住鹬，欲将其饿死，正在僵持。

打鱼回来的渔夫看到这一幕，喜滋滋地拿渔网罩住蚌和鹬，将它们变成当晚的菜肴。如果蚌和鹬懂得各退一步，它们又怎会落得如此下场？

人与人的相处也是一样，如果针锋相对，谁也不肯服谁，谁也不肯退让，两个人只能互相攻击，关系越来越僵。当他们眼睛里只盯着彼此，只在与对方竞争上花费心机，别人却趁这个机会将二人一并超越。有时候失败的原因并不是他人太过强大，而是自己愚蠢的坚持，给了别人可乘之机。而且对这两个人而言，两虎相争必有一失，甚至是两败俱伤，到头来追究争执的原因，也不过是一时的意气，这样的争执无益于自身，即使得胜，又有什么意义呢？

一位成功的商人向自己的儿子传授成功经验，这位商人从事木材加工业。这是个热门产业，商人既要面对与对手公司的竞争，也要面对与各种工厂的合作。儿子问："怎么才能解决这些问题？"商人在白纸上画了一个圆圈，不同的是，这个圆圈有一个缺口。

儿子不解，商人说："这个圆圈是在告诫自己，不论做什么事，都要给别人留一条后路，也是给自己留一个喘气的出，不要逼急别人，也不要太过压迫自己。只要今后你牢记这个缺口的圆圈，你就能成为和我一样的商人。"

商人的成功经验是给圆圈留一个缺口，这个缺口既代表了对人的宽容，也代表着对自己的宽松。太过压迫别人，会导致别人的反弹；太过压迫自己，会导致自己的疲累。

对人对事需要有一份宽让的心态，这是一种为人的气度。这句话看似简单，做起来却很难，多数人宁愿像闭紧壳的蚌一样，不给别人退路，也不给自己空间。他们的行为并不能让别人折服，只能将矛盾扩大，将问题激化。他们说"做人不能忍气吞声"，却不明白懂得"忍"的人会比别人有更多的机会和筹码，懂得"吞"的人比别人有更大的空间和肚量。就像太极拳打得好的人，看似一掌退了一大步，画个圈又回到原地，出拳却更有力，绵绵不断。而那种一拳到底的，却后劲不足，一拳落空，就不能及时收住，反倒让自己一个趔趄，险些跌倒。

当人们走投无路的时候，都希望别人给自己指一条出路，但其实出路是自己留给自己的。日常对人对事，给人三分面子，别人自然会敬你三分，尽量不和你为难。平日愿意分出自己的利益帮帮他人，困难的时候也总会有人雪中送炭。把自己的"得"留一个缺口让别人索取，需要时候别人也会在缺口外伸出援手，帮你渡过难关。

一个方块正在羡慕一个圆圈流畅的体型，它说圆圈能够一直飞奔，自己却只能在原地，移动一步都困难。圆圈却苦不堪言地说，自己一直在跑，根本没有歇脚的时候，多希望有个缺口能够减慢速度，欣赏一下沿途的风景。不妨让自己当一个有缺口的圆圈，既不影响转动，又不那么劳累，在奔波中依然能享受到生活的乐趣。

记住别人的好处，忘记别人的坏处

珍妮是家里最小的女儿，她有三个姐姐、两个哥哥。因为年纪小，父母最疼爱她，珍妮从小就很娇气，还经常对哥哥姐姐不满意。

这一天，珍妮对妈妈打小报告，说三姐弄坏了她的娃娃，又说二哥骂他是娇气包。说着说着，珍妮哭了起来，发誓要把这些事写在日记上，记一辈子。妈妈说："珍妮，我问你，上一次谁给你的娃娃做了新衣服？是不是三姐？还有上个月尔的脚受伤，谁天天背你上学？不是你的二哥吗？你应该记住的是他们的好处，而不是在日记上写下他们的不好。"

经过妈妈的开导，珍妮的日记换了内容，她开始将别人对她的好记录下来。慢慢地，珍妮的性格越来越温柔，也越来越被全家人喜欢。

人与人之间的感情很复杂，太远和太近都会造成不快，而这个"度"一般人不好把握，更何况是珍妮这样的娇娇女。妈妈教导她看待别人要看对方的奉献，而不是对方的过失。听话的珍妮变得越来越懂事，再也不是从前那个动辄赌气的"小公主"了。

人与人的关系有时很奇怪，有的人尽心尽力为别人做事，可能有一个地方做不到，对方就会记恨。倒是那些平时不闻不问，偶尔做一件好事的人，能让别人夸奖："这个人雪中送炭，真是个好人！"这就是我们的思维存在的显著误区：我们对别人经年累月的奉献习以为常，经常忽略身边人的奉献，还揪着他们的缺点不放。最简单的例子就是子女对待父母，子女总是说自己和父母之间有代沟，父母不能理解自己，甚至说重话让父母伤心，这一切都让两代人的关系更加难以融洽。

人与人的关系需要用心经营，和别人生气之前，要记住别人的好处，要分析这件让你生气的事值不值得破坏你们的关系。不要急着说气话，也不要因为一点小事就否定对方的全部，那只会让你们的矛盾更加激化，直到变成不可逾越的壕沟；相反，如果每个人都能宽容一点，接受他人的缺点，忍让他人的不足，人与人之间的摩擦会减少至少一半。有什么事是不能忍耐的？冲突既然难免，就要学着迁就，学着包容，因为感情的目的并不是要让对方伤心，而是希望双方快乐。

梅森镇是一个重视品德和个人荣誉的城镇，在那里，有过入狱经历的人根本找不到工作，只能背井离乡。只有哈里斯先生愿意收留那些曾经蹲过牢房的人，让他们在自己的商店做搬运工、店员以及采购员。哈里斯的做法引起了镇上很多人的不满。甚至有人到商店里抗议，威胁今后不在哈里斯的商店买任何商品了。

哈里斯语重心长地对这些人说："各位大概不记得了，我年轻的时候每天在镇上游手好闲，有一次打架后在监狱里待了一年。在那一年我反省了以往的作为，在我出狱后，没有人愿意收留我，我只能一个人去外乡漂泊。多年后我成为商人回到这里，你们已经忘记我当年的作为，只记住了感谢我给你们带来了物美价廉的商品。我还记得我在外面吃的苦头，现在，我希望能用我的力量帮助他们改过自新。你们为什么不能看到他们的优点呢？"

在一个重视品行的小镇，只有哈里斯先生的商店愿意给那些有过前科的人提供工作机会，并用自己的实际经历告诉居民们：每个人都有优点，每个人都可能成为为别人带去幸福的人，应该给犯错误的人以改正的机会。听了哈里斯的话，居民们是否还对那些重新开始生活的犯人抱有敌意，仍是个未知数，但至少他们多了一种看问题的方法：看看别人的优点，不要抓着别人的错误不放。

当你身边的人有一些缺点，在你看来不能容忍，但在对方看来，也许那就是他的特点和长处。有时候两个人的矛盾就像两个孩子为小事争吵，如果跑到老师面前评理，老师只好说："你们都是对的，回去吧。"这种结果固然让人不服气，但你是你，别人是别人，不能勉强任何人合乎你的所有想法。如果能换一个角度，也许你就能够承认"我没错，对方也没错"这个事实。

生活中，没有那么多的是非曲直，也没有多少深仇大恨，自己是对的，别人也未必就有错。人与人的矛盾在于他们无法相互理解：人与人思维不同，做事方法不同，你不愿为他人考虑，一味盯着别人的缺点，一味批评别人的错误,吃亏的并不是对方,而是斤斤计较的自己。达观的人愿意记住别人的好处,记住别人的优点,再用这种眼光去看周围的一切。当你有一双发现闪光点的眼睛、一颗足够包容的心,你会发现每个人都很可爱,生活处处都有乐趣和情谊。

无所谓,才能无所畏

阿辛是杂技团的明星,它是一头三岁的成年狮子,每天都有好几场演出。每当它从燃烧的火圈里一跃而过,观众们就会发出热烈的掌声。它在驯兽员的悉心教导下,每天刻苦练习高难度动作,逐渐成了杂技团的台柱演员。

一日,驯兽员对阿辛说,有个世界知名的马戏团明天会来看阿辛的表演。如果阿辛让他们满意,他们考虑把阿辛买到自己的马戏团,这样一来阿辛就能跟着那个马戏团在全世界范围内进行演出,让更多的人知道自己,阿辛很兴奋。

阿辛很兴奋,第二天的演出中,它不断告诫自己:"一定要做好动作,一定要做好。"可事与愿违,阿辛没有跳过最高的火圈,还差点在跳火圈时烧到自己。得到进入马戏团机会的是杂技团的另一只狮子,这只狮子和阿辛不一样,它一直在告诉自己:"进不进入马戏团无所谓,重要的是把今天的演出表演好。"

狮子阿辛是杂技团的明星,却在一次重要表演中输给对手,决定结果的是它们的心态。阿辛太想表现自己,那些平日它做起来轻而易举的动作突然变得困难，导致它连连出现失误。另一只狮子不在乎是否能被选中，心理压力自然没有那么大，发挥也就不会失常。换言之，因为太过看重这件事，导致阿辛心中产生了畏惧。

畏惧是什么？畏惧就像一个人受邀参加一场宴会，宴会开始后她却坐在停车场的汽车里发怵，担心自己的衣服不够华美，想着要不要回家换一件；担心自己的发型被弄乱，看上去失礼；担心没有人邀请自己跳舞，会很没面子；担心有人邀请后自己发挥得不好；担心人们看她的眼光、对她的评价，毕竟这是第一次参加宴会……担心来担心去，直到宴会开始，她也没有勇气推开车门走进会场。如果没有那么多担心，这本是一场愉快的宴会。当一个人在乎的事情太多，就会产生畏惧。

很多畏惧并不是事实，只是来自于我们的担心，就像成语"杞人忧天"的主角，整天担心天要塌下来，其实天塌下来又能怎么样？他无力阻止，还不如安心过自己的日子，其他事天塌下来再说。这就是一种"无所谓"的心态。"无所谓"并不是什么都不在乎，而是在乎的地方与别人不一样。多数人在乎的是得失，是结果，"无所谓"的人在乎的是过程，在乎自己的付出和努力。只看结果，也许是一种折磨，重视过程，却是一种享受。

有些畏惧是自己的无中生有，有些畏惧来自切身经历的危险和考验。当生命和尊严面临威胁时，唯有提高勇气。那么勇气来自哪里？同样是一种"无所谓"的心态。当我们面对危险时，首先应该想出最糟的后果，最糟的不过是"失去"，能够接受这种结果，自然就能让自己尽快冷静下来，寻找解决问题的办法，而不是惊慌失措，满脑子想的都是悲惨的后果。有时候我们害怕的并不是他人，而是自己的胆怯。当我们把自己吓倒，敌人就可以借机对我们为所欲为；当我们冷静下来，就会发现那个想要伤害我们的人内心其实同样胆怯。在很多情况下，"狭路相逢勇者胜"是一句至理名言。

每个人都有胆小的一面，世界上没有那么多"无所畏惧"，但有时现实却会逼迫人们勇敢。一个出了车祸高位截肢的人对旁人说："我也诅咒过自己的命运，可那有什么用呢？现在我安慰自己，出车祸以前我能做的事是一万件，失去双腿之后，我只能做五千件，这就意味着我可以用别人的双倍精力做这五千件事，还要比他们做得更好。"接受现实就是"无所谓"，接受现实的结果就是你能比旁人更务实、更冷静，更能应对生命中的种种畏惧。

顺其自然，给自己一颗宁静的心

在古代有个贤明的国王，国王身边有一位才华出众的宰相。不幸的是，这位宰相不到四十岁就英年早逝，国王需要选出另一位贤臣接任他的位置。

候选人有两个，一个是前任宰相的副手，另一个是内阁大臣。两个人年纪相当，都有优秀的能力和深厚的学识，国王为选谁出任宰相大伤脑筋。最后，国王想到了一个办法，他派手下秘密出宫，分别告诉那两个人："根据我的消息，国王明天就会任命你为宰相！"

听到消息后，两个人的表现截然不同，副宰相兴奋得一夜睡不着觉。多年来的梦想就要实现，他怎么会不兴奋？内阁大臣却镇定自若，丝毫没把这个好消息放在心上。国王听了手下的汇报后，摇摇头说："听到能当宰相就睡不着觉，这么没有平常心的人，怎么能扛起一个国家的重担？"第二天，国王宣布由内阁大臣出任宰相。

有选择就有选择的难度，国王不能确定哪一位大臣更适合掌管一个国家的事务。最后，他决定由这两人的心态决定人选。他派人分别对两人透露出消息说"明天你就是宰相"，然后暗地里观察两个人的反应。一个照常吃饭睡觉，一个兴奋得睡不着觉，国王认为睡不着觉的人太没有平常心。试想一国宰相日理万机，今天遭遇粮食危机，明天面对外敌入侵，如果遇到事情就连觉都睡不好，如何保持好的工作状态？于是他选择了更有平常心的那一位大臣。

　　我们都知道《儒林外史》中有个叫范进的人，这个范进考了多年的科举，终于在年老后成为举人。听到中举的消息后，他高兴得发了疯，最后还靠老丈人一个巴掌把他打醒。范进之所以会发疯，是因为他禁不住中举的狂喜，换言之，他经不起大风大浪，他已经把整个生命都赌在科举上，认为他的人生意义只和中举有关。对功名的追求，让他失去了宁静的心。

　　在生活中，我们的心灵也是波动的，常常无法得到安宁。外界的喜乐、诱惑、伤害，随时都在缠绕我们，激荡我们的情绪。当我们在爱恨情仇中沉浮，感到痛苦和失落、悲哀与叹息时，我们由衷羡慕那些"采菊东篱下，悠然见南山"的隐士，认为他们超凡脱俗，而自己却是芸芸众生中的庸碌之辈。我们却不曾想过，自己也可以一样做一个闹市中的隐士，在诱惑面前保持低调与冷静，在风浪面前保持心平气和，不急不躁。

　　一位商人拜访一位隐者，他走过崎岖的山路才找到隐者隐居的木屋。一路上，他的心被恐惧占据。坐下之后，他问隐者："住在这样的深山，面对随时会有狂风暴雨的大自然，可能还会遭遇盗贼和猛兽的袭击，你难道不害怕吗？"

　　隐者说："难道你觉得你比我安全？你难道不是要随时面对强大的压力？你面对的不是强盗，是笑里藏刀的对手；不是猛兽，却是比猛兽更凶险的交通意外,你难道不害怕吗?"商人说:"我已经习惯了这种生活。"隐者说:"同理,我也习惯了这种生活,我们都是顺其自然的人。"

一位商人去山林里拜访隐士,一路上心惊胆战,经过长途跋涉才到达隐士的居所。他认为面对未知的大自然,人类很难掌握自己的命运;隐士认为,在城市里人们看似能够掌控自己的生活,其实手中的一切都有可能被意外夺走。最后,两个人达成共识:只要习惯了一种生活,顺其自然,就能克服心中的畏惧,泰然自处。

在繁忙的都市,我们很难有山林隐士的境界,但至少我们能够让自己修炼出一种豁达的心态,对待事业,要明白有成功就有挫折;对待感情,要知道有收获就得付出;对待人际,要理解人有善的一面,就有恶的一面……当人们能够平心静气地看待周围的一切,将一切看得"平常",他就能收敛很多不必要的脾气和对命运的恐惧。

苏珊小姐从伦敦登上去纽约的飞机,她要去参加一个商务会议,正在闭目养神,飞机一阵剧烈的颠簸,机舱里的乘客发出惊恐的叫声。苏珊连忙将手放进公文包,拿出护照塞进自己的套装领口中。

经过短暂的颠簸,飞机恢复平稳,乘务员广播说刚才遇到了一股气流的冲击。大家松了口气,苏珊邻座的男人突然问:"冒昧地问一句,刚才您为什么把护照拿出来?"苏珊从容地说:"如果坠机,我希望能有个凭证,让人尽快认出我的身份。"一席话,让飞机上的人敬佩不已。

面对可能的飞机失事,苏珊想到了顺其自然,让人尽快确认自己身份。死亡的确让人恐惧,但人们面对它并不是无能为力,苏珊知道要用最后几分钟保留证明自己的身份的文件。我们不必苛求自己看淡生死,但当灾难来临的时候,至少我们知道自己该做什么:与它抗争、寻求帮助或者当我们知道结局无法避免,也要想办法保留最后的尊严,或者给牵挂的人传递一份消息,这既是顺其自然,又是顺从本心。

"自然"这个词包含了多重含义,它既指大气土地、阳光水分、人类和万物,也指水从高处流向低处、花开就会花落这些不容改变的定律。人生也有"自然",有生老病死,有福祸参半,有沉浮挫折,在这样的"自然"面前,唯有像看待长河东流一样看待生命中的困境,才能做到处变不惊,才能在逆境中寻找到出路。

生命的价值在于接受自然,征服自然,生命的真味就在于顺其自然,感受自然。当我们为得失感叹、为输赢计较的时候,千万不要忘记,一颗宁静的心才是生命的最好伴侣。它能够陪你面对一切风雨,给你真正的安宁与享受。

图书在版编目(CIP)数据

如果你简单,世界就对你简单/丁宁著.—北京:中国华侨出版社,2015.8

ISBN 978-7-5113-5626-0

Ⅰ.①如… Ⅱ.①丁… Ⅲ.①人生哲学–通俗读物 Ⅳ.①B821-49

中国版本图书馆 CIP 数据核字(2015)第197840号

如果你简单,世界就对你简单

著　　者	/ 丁　宁
责任编辑	/ 文　筝
责任校对	/ 高晓华
经　　销	/ 新华书店
开　　本	/ 710 毫米×1000 毫米　1/16　印张/16　字数/240 千字
印　　刷	/ 北京建泰印刷有限公司
版　　次	/ 2015 年 9 月第 1 版　2015 年 9 月第 1 次印刷
书　　号	/ ISBN 978-7-5113-5626-0
定　　价	/ 29.80 元

中国华侨出版社　北京市朝阳区静安里 26 号通成达大厦 3 层　邮编:100028
法律顾问:陈鹰律师事务所
编辑部:(010)64443056　　64443979
发行部:(010)64443051　　传真:(010)64439708
网址:www.oveaschin.com
E-mail:oveaschin@sina.com